コロイド化学史

北原　文雄　著

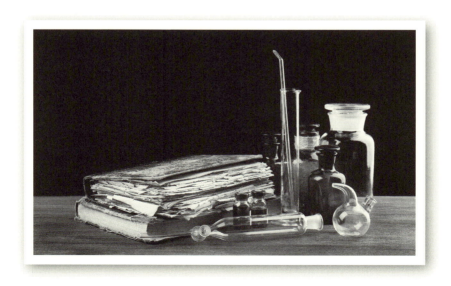

サイエンティスト社

はしがき

　愚者は経験を尊び　賢者は歴史に学ぶ　（先人の言）
　本書はコロイド化学、界面化学を学ぶ方々に対してテキストの副読本として、その方面を専攻されている方々には過去を顧みて将来を尋ねる一つの手段として、また化学史に関心のある方には一つのcase studyとして、お役に立てたらと望んでいる。
　著者は大学で約40年、コロイド化学・界面化学（以下、コロイド化学と略す）の講義を担当するとともに、その分野の一部分について研究に携わってきた。その間この分野の歴史の一部について見聞する機会もあった。特にこの分野の先端の研究に励みながら、科学史にも通じておられるある先輩の背中も見つめてきた。そして齢80にして化学史学会に入会して勉強をはじめた。ぽつぽつと、コロイド化学史のテーマについて断片的にいくつか学会で発表、論文にしているうちに、コロイド化学史といえるような成書が国の内外を通じて見当たらないことに気付いた。そこで不肖自分でやってみようと思い立ちこの書が日の目を見ることになった。
　本書の骨組みの概略を記しておきたい。コロイドの近代的研究は19世紀の初頭から中葉にかけてはじまった（第1章）。1861年"コロイド"概念が提示され、世紀の替わり頃にかけてコロイドの実験的研究が種々行われ、シュルツェ・ハーディの法則が発見された（第2章）。20世紀に入るや、コロイドを専攻する

研究者たちが現れ、コロイド化学という新分野が誕生し、さらにミセルコロイドが生まれ、実験的研究が大きく発展した（第3章）。拡がったコロイド化学の中で主流を占める疎水コロイドについて、その安定性の理論化はコロイド化学の中の大問題であった。これが20世紀中葉までに解決をみた（第4章）。遡って序章では"コロイド"とは何かを取り上げ、その最後のところで著者の志すところを述べた。

本書では煩雑とみられるほど多くの文献を挙げた。これは内容をもっと深めたいと望む読者のための道標である。本書の人名は『化学史事典』（化学史学会 編，化学同人（2017））に、項目名は『学術用語集・化学編』（文部科学省・日本化学会 編，南江堂（1986））にできるだけ拠ることにした。

本書の刊行にあたり諸方面で大変お世話になった。

機関紙『化学史研究』の論文中の図の引用を許可してくださった化学史学会にお礼申し上げる。特に、著者に化学史への目を開かせて頂き、長きにわたってご指導、ご鞭撻を頂いた立花太郎先輩、貴重なご著書を頂き、しばしば激励を頂いた古川安先生、有益な多くの資料を提供してくださった高木俊夫学兄、原稿を見て頂き貴重なご教示を下さった大島広行学兄、資料を提供し多大の関心を寄せていただいた前田悠学兄、資料収集その他でご手配いただいた朽津耕三学兄、文献調査でお世話になった日高久夫さん、永山升三さん、長谷川匡俊さんの皆様に厚い感謝の念をお伝えしたい。またオランダの情報を頂いたリクレマ（Lyklema）博士に深くお礼申しあげる。さらに本書の刊行をお引き受けいただき、多大のお骨折りを頂いたサイエンティスト社中山昌子社長と添田かをりさんに厚くお礼申し上げたい。

2017年6月　　著者

目 次

序章 コロイドとは … 1
0.1 コロイドの定義 … 1
0.2 コロイドの分類と用語 … 2
0.3 コロイドと界面 … 3
0.4 コロイドと環境 … 4

第1章 "コロイド"の先駆者たち —19世紀初期から中期まで— … 5
1.1 時代背景 … 5
1.2 コロイド研究の黎明 — リヒターとラウス … 6
1.3 本格的コロイド研究の嚆矢 — セルミの疑似溶液 … 7
   1.3.1 セルミの経歴 … 7
   1.3.2 セルミのコロイド — 疑似溶液 … 8
   1.3.3 セルミの研究の化学的意義 … 10
1.4 ファラデーのコロイド — 金の液 … 10
   1.4.1 時代背景とファラデーの生涯 … 10
   1.4.2 ファラデーの金の液 … 12
   1.4.3 ファラデーの金の液の研究の意義 … 13

第2章 コロイドの誕生とその実験的発展 —19世紀中期から末期まで— … 14
2.1 時代背景 … 14
2.2 コロイド概念の出現 … 14
   2.2.1 グレアムの生涯 … 15
   2.2.2 グレアムによる"コロイド"の誕生 … 16
      2.2.2.1 コロイド状態とクリスタロイド状態間の移行 … 18

		2.2.2.2	グレアムの"分子の構造"について	18

- 2.2.2.2　グレアムの"分子の構造"について　18
- 2.2.2.3　グレアムのコロイド以外の業績　19
- 2.2.2.4　セルミ、ファラデー、グレアムの関係　19

2.3　コロイド研究の実験的展開 — 無機コロイドへ　20
- 2.3.1　シュルツェの出現と無機コロイドの展開　20
  - 2.3.1.1　シュルツェの生涯　21
  - 2.3.1.2　シュルツェの業績　22
- 2.3.2　ゾルの均一・不均一論争　23
  - 2.3.2.1　ムトマンの銀ゾル　24
  - 2.3.2.2　カレイリーの反撃　25
  - 2.3.2.3　バラス・シュナイダーの不均一説　26
  - 2.3.2.4　ピクトン・リンダーの研究　27
- 2.3.3　ジグモンディの登場と限外顕微鏡の開発　28
  - 2.3.3.1　ジグモンディの経歴　28
  - 2.3.3.2　ジグモンディの均一説　29
  - 2.3.3.3　ステックル・ヴァニノの反論　30
  - 2.3.3.4　ジグモンディの再反論と迷い　30
  - 2.3.3.5　限外顕微鏡の開発とその影響　31
- 2.3.4　コロイドの電荷と電気二重層　33
  - 2.3.4.1　界面動電現象序論　33
  - 2.3.4.2　ウィーデマンの経歴と研究　34
  - 2.3.4.3　物理学者キンケの場合　34
  - 2.3.4.4　19世紀偉大な科学者ヘルムホルツと電気二重層　35
- 2.3.5　シュルツェ・ハーディの法則　38
  - 2.3.5.1　ハーディの経歴　38
  - 2.3.5.2　ハーディの業績　39

2.4　19世紀後半コロイド研究の特質と補遺　41

2.5　19世紀の界面化学概況（20世紀初期を含む）　43
- 2.5.1　表面張力について　43
- 2.5.2　吸着（溶質 — 固体間について）　44

第3章　コロイド化学の成立とその発展—20世紀初期から1930年頃まで—　45

3.1　時代背景特にドイツを巡る情勢　45

3.2　コロイド化学の成立　46

3.3　20世紀前半の若きコロイド化学者群像 ……………………………………… 47
　3.3.1　バンクロフト ……………………………………………………………… 47
　3.3.2　ドナン ……………………………………………………………………… 48
　3.3.3　ワイマルン ………………………………………………………………… 49
　3.3.4　フロイントリッヒ ………………………………………………………… 52
　3.3.5　マックベイン ……………………………………………………………… 53
　3.3.6　オストヴァルト …………………………………………………………… 54
　3.3.7　スヴェドベリ ……………………………………………………………… 57
　3.3.8　若き群像の記の終わりに ………………………………………………… 58
3.4　コロイド化学の発展 …………………………………………………………… 58
　3.4.1　コロイド状態論 …………………………………………………………… 58
　3.4.2　分子の実在性とコロイド ………………………………………………… 61
　3.4.3　超遠心法の開発とコロイド ……………………………………………… 67
　3.4.4　英国におけるコロイド化学の発展 ……………………………………… 70
　3.4.5　コロイド研究の実験的拡がり ─ フロイントリッヒの業績 ………… 71
　3.4.6　ミセルコロイドの誕生と発展 …………………………………………… 73
　　3.4.6.1　石鹸分子は会合体を作るか …………………………………… 73
　　3.4.6.2　マックベインとライヒラーの発見 …………………………… 74
　　3.4.6.3　ミセル概念の充実・発展 ……………………………………… 75
　　3.4.6.4　ロッターモザーらのもう一つの実験 ………………………… 78
　　3.4.6.5　ハートレーによる古典ミセル論の成立 ……………………… 79
　　3.4.6.6　ミセル論の周辺 ………………………………………………… 80
　3.4.7　北米におけるコロイド化学（1935年頃まで）………………………… 81
3.5　本章の終わりに ………………………………………………………………… 83

第4章　コロイド化学からコロイド科学へ ─1930年頃から1970年頃まで─ … 85

4.1　時代背景と科学界の情勢概観 ………………………………………………… 85
　4.1.1　時代背景 …………………………………………………………………… 85
　4.1.2　科学界の状況概観 ………………………………………………………… 86
4.2　疎水コロイド安定性の理論を求めて ………………………………………… 86
　4.2.1　シュルツェ・ハーディの法則の定式化 ………………………………… 86
　4.2.2　シュルツェ・ハーディの法則の理論化の試み ── 吸着説 …………… 87
　4.2.3　新しい電気二重層の構造 ── 拡散電気二重層 ………………………… 87
　　4.2.3.1　電気二重層について当時のある化学者の認識 ……………… 88

	4.2.3.2	グイとチャップマンの電気二重層の構造	88
	4.2.3.3	もう一つの電気二重層 — デバイ・ヒュッケルのイオン雲	89
	4.2.3.4	シュテルンの補正	90
4.2.4	疎液(水)コロイドの安定性と熱力学的観点		91
4.2.5	分子間力と量子力学		92
4.3 疎水コロイド安定性の理論			93
4.3.1	序曲 — カルマン・ウィルシュテッターの試論		93
4.3.2	疎水コロイド安定性理論誕生前夜		94
	4.3.2.1	ソ連グループの第2次大戦前の動き	94
	4.3.2.2	オランダ学派の戦前の活動	95
4.3.3	疎水コロイド安定性理論の誕生		97
	4.3.3.1	DLVO理論の誕生 — 戦中から前後にかけてのソ連とオランダの研究	97
	4.3.3.2	DLVO理論の解説 — ポテンシャル曲線を使って	99
4.3.4	DLVO理論の拡がり		101
	4.3.4.1	ヘテロ凝集	102
	4.3.4.2	タクトゾル	102
4.4 粒子間の非電気的相互作用			103
4.4.1	吸着性高分子の作用		103
4.4.2	非吸着性高分子の作用 — 枯渇作用		104
4.5 粒子間力(表面力)の直接測定			104
4.6 本章の終わりに			105

終章 本稿の終了にあたって … 107

文献と注 … 109

人名索引 … 116

事項索引 … 121

序章 コロイドとは

0.1 コロイドの定義

　コロイド化学史の叙述をはじめるにあたり、"コロイドとは何か"という命題について簡潔に述べておきたい。詳しくは 2.2.2 で検討する。

　1861年英国の化学者トーマス・グレアムにより"コロイドとは溶液中で拡散速度が非常に遅い物質"として定義された。拡散速度は実験的には彼により半透膜の透過速度として測定された。透過速度の非常に遅いものの仲間で代表的なものにゼラチンがあるので、ギリシャ語の"膠状"(kolla-eidos)からその仲間をcolloidと呼ぶことにした。因みに膠を精製したものがゼラチンである。

　この意味ではコロイドは一群の物質を指していて、それと対照的な拡散速度の速い無機塩類などにクリスタロイドの名が与えられた。これがコロイドは物質を指すという物質論のいわれである。またグレアムはコロイドがとる特殊な集合状態をコロイド状態ということにした。コロイド状態を単にコロイドということがあり、この立場でいうときはコロイドは状態を指すということになる。これをコロイドの状態論という。

　グレアム自身は物質論と状態論の区別をあまり問題にはしなかった。彼の死後コロイドはこの二つの立場のどちらをとるかの論議があったが、20世紀はじめにこの論議は 3.4.1 で述べるように決着をみた。

現今のコロイドの定義を見ておこう。IUPAC（国際純正・応用化学連合）という化学界の国際的機関がある。この組織の物理化学部門から出版されている冊子には以下の記述がある：「コロイドはコロイド系と同義で、粒子と媒質からなり、粒子の大きさは少なくとも一方向（次元）で、およそ1 μmから1 nmの間とする。この限界は精密なものではない。この大きさが2次元にわたる繊維、1次元のみの薄膜もコロイドに分類される。」この定義によるとコロイドは粒子のみならず、繊維、薄膜も含むことになるが、本書では3次元ともこの大きさになっている粒子の場合のみ扱う。

　グレアムもコロイドの大きさを半透膜の穴の大きさで限定しようとしていた。また溶液中という媒質と粒子に相当する系であった。グレアムの定義は正にIUPACにより定量化されて現在に生きていると見ることができるであろう。

　現在"ナノ"という言葉が盛んに使われている。IUPACの定義はコロイド粒子の大きさがちょうどナノ領域にあることを示している。その意味ではコロイド化学はナノ粒子系の化学ということができる。

0.2　コロイドの分類と用語

　コロイドを研究する分野をコロイド化学という。コロイドは戦前の日本語で"膠質"と訳され、膠質化学または膠質学といわれた。正にグレアムの定義に沿った名訳であった。しかし戦後"膠"という漢字が常用漢字から外されたので、"コロイド"と呼ぶことになった。

　初学者にとってコロイド化学は親しみにくいといわれる。その理由として二つの場合が考えられる。一つは無機化学とか電気化学というと漢字を見てなんとはなしに取りつきやすいのだが、"コロイド"は外来語である。もう一つは、コロイドに種々の分類があり、それぞれにかなり内容に違いがあることである。たとえば親水コロイドと疎水コロイドというコロイドの二大別があり、また分散コロイド、会合（ミセル）コロイド、分子コロイドという三大別もあるし、可逆コロイド、不可逆コロイドという分け方もある。これらの語を簡単に説明しておこう。

　粒子と媒質との親和性という立場からコロイドを親液コロイド、疎液コロイドとに分類する。本書では水媒質を対象とする場合が多いので親水コロイドと

疎水コロイドとなる。親和性という語は不明確である、熱力学的安定性というべきである。この意味は4.2.4で詳しく述べる。熱力学的に前者は安定で、後者は不安定である。グレアムはコロイドの例として前者を取り上げたが、彼の死後19世紀後期には、化学者は後者を主に対象とした。前者は主に生理学者らの対象となった。20世紀に入り、親液コロイドは新興の高分子化学に含まれるようになりコロイド化学から離れていった。しかし1950年代になり両者は共演することになる。このことは4.4で解説する。疎水コロイドを形成するのは主に無機結晶性物質である。疎水コロイドの研究は19世紀後半からはじまった。1930年代高分子化学が確立されると、親水コロイドは分子コロイドに、疎水コロイドは分散コロイドに読み替えられ、1913年に誕生したミセルコロイド(または会合コロイド)と併せてコロイドの三大別という分類法も生まれてきた。この三大別はコロイド粒子の構造という立場から見たもので大いに合理的である。ところでミセルコロイドは親水コロイドに属する。熱力学の立場から可逆コロイド、不可逆コロイドという分類もある。前者は親液コロイド、後者は疎水コロイドに対応する。

0.3　コロイドと界面

　コロイドの研究と界面の研究とはその発生が異なり、はじめのうちは違う道を辿って発展した。初期の界面の研究は本書では取り扱わない。両者の接点が見えはじめるのは19世紀後半である。

　両者の密接な関係を指摘したのは20世紀初頭Woオストヴァルトである(以降、父WilhelmをWil オストヴァルト、子WolfgangをWo オストヴァルトと記す。混同のおそれのないときは両者とも単にオストヴァルトと記す)。彼はコロイドを微粒子分散系と定義し、粒子と媒質間に界面が存在すること、その粒子の全表面積が膨大になることを指摘した。その2年後、フロイントリッヒは*Kapillarchemie*という題名のテキストを刊行した。この書は内容をA、Bと二大別し、Aでは表題を"境界面の一般的性質と挙動"とし、Bには"分散系"と名付け、それぞれにほぼ同数のページをあてた。なお、C、Dとして僅かのページを工業と生理学的問題にあてている。*Kapillarchemie*の最終版(第4版)は内

容が膨大となり2巻（I、II）に分冊され、1930年、1932年に刊行されたが、第I巻は界面化学、第II巻はコロイド分散系が対象になっている。

20世紀以降コロイド化学と界面化学は互いに交差しながら発展していく。たとえば、分散系調製の際、「濡れ」という界面現象が重要であり、疎水コロイドの安定性の要因として界面電気二重層が不可欠であり、ミセルの物性と吸着とは密接につながっている。

学界でも両者は共通の場で研究し討論し、同じ学術誌に発表される。国際的な発表、討論の機関としてInternational Association of Colloid and Interface Scientists（略称IACIS）が組織されており、3年に1度大々的に国際学会が開催されている。日本では日本化学会内に1975年「コロイドおよび界面化学部会」が創設され活動している。現在この部会が主催しているコロイドおよび界面化学討論会は昭和28年から毎年1回開催されている。また共通の研究発表の国際的学術誌として Journal of Colloid and Interface Science や Langmuir がある。

0.4　コロイドと環境

科学ないしはコロイド化学の活動は社会の動きと間接的にときには直接的に何らかの連動をしている。戦争の影響はまさに直接的であった。その具体例が本文中に現れる。しかしこの問題をもっと広く深く調べることは筆者には荷が重かった。一つの試みとして社会的背景という小節を処々に設けた。

科学の研究を行うのは人間である。科学論文は没個性的であるが、研究が行われる過程では人間性が影響するはずである。化学史はそれに目を向ける必要がある。その参考にと主要人物の経歴をつとめて入れるようにした。

研究は独立、孤立して行われるものではない。ある研究には必ず何かの先行研究がある。それは他分野からの場合もある。先行研究を受けたものがまた次の研究を刺激し科学の発展を促していく。しかし時がたつにつれて、ある業績だけが取り上げられ、その前後は忘れられてしまう。この前後の関連を取り上げて伝えてゆくのは科学史の大事な仕事である。本書でもコロイド化学について、このことを銘記してできるだけ良き科学史となるように心がけた。

第1章 "コロイド"の先駆者たち
－19世紀初期から中期まで－

1.1 時代背景

　近代化学の中のコロイドという分野は19世紀の初頭から中葉にかけて姿を見せはじめた。それは1802年のリヒターによる金コロイドの研究、1809年のラウスによる界面動電現象の研究に端を発している。ただし組織的に研究がはじまったのは19世紀中葉、イタリアのセルミ、イギリスのファラデー、グレアムによってであった。この近代コロイド研究のはじまった頃の時代背景を手短に見ることにする。

　18世紀後半はアメリカ合衆国の独立(1776年)をはじめとして、イギリスにおける産業革命、フランス大革命などにみられる新しい時代の幕開けの頃であった。フランス革命派の軍人として出発したナポレオンは19世紀初頭にかけて欧州全土を席巻しフランス皇帝にまで出世したが没落した。一方彼は科学に理解を示した人物であったという点で科学史上留意すべき人物でもあった。それに関する具体的なことは1.4.1で触れる。

　この時代は化学の近代化の契機となる業績、人物が続々と現れる。酸素を発見したプリーストリ、シェーレ、電池を発明したヴォルタをはじめとして、定量的化学を実行して旧来のフロギストン説を排除して新しい燃焼理論を樹立したラヴォアジエ、気体反応の諸法則を発見したゲー・リュサック、原子説を提出したドルトン、電池を使ってナトリウム、カリウムを発見したデイヴィな

ど化学史をにぎわす多くの業績、人物が現れた。デイヴィ、ファラデーらが活動の拠点とし、今に続いているロンドンの王立研究所の創立も同時代であった（1799年）。ベルセリウスは定量的に原子量を測定して無機化学の基礎を作り、優れた教科書を作った（1.3.2参照）。正にこの時代は人間の新しい知恵と活力が科学のみならず政治、経済にも発現した時期であった。

さてナポレオン没落後の欧州では保守がえりが起こり、それはウィーン会議（1814-5年）による回帰的保守体制として現れた。イタリアの場合いくつかの小国に分割され、全体としてオーストリアの支配下に入ってしまった。これに対してイタリア統一運動が国内各所で勃発するようになった。セルミや同時代に同様な経路を辿った化学者カニッツァーロが生まれ育ったのはウィーン体制の弊害が目立つようになった頃であった。

1.2　コロイド研究の黎明 ── リヒターとラウス

19世紀のはじめにコロイド研究の二人の先覚者がいた。まずこの2人に焦点を当ててみたい。

金コロイドの近代的研究をはじめたとされているのは後述のファラデーであるが、彼よりかなり前に金コロイドの一種であるカシウス紫（またはカシウス紫金）の研究をしていた化学者がいた。その名をリヒター（J. B. Richter, 1762-1807年）という。彼はラヴォアジエと共に近代定量的化学の草分けの一人で、"化学量論"という概念をはじめて提案した人として科学史上に名を残している（都築洋次郎、『化学史』、朝倉書店（1966）、56頁）。彼はこの仕事の他に、カシウス紫と併せて金のサスペンションについて詳しく報告した（1802年）[1]。金コロイドの研究は以降ファラデーの研究まで現れることはなかった。

> 注　カシウス紫について：これは古く1663年に開発され、陶磁器の釉薬としてよく用いられている。金の3価イオンを含む微酸性溶液に塩化錫(II)溶液を冷時加えるとき生成する。紫赤色または紫色のコロイド（ゾル）。金の濃度が高くなると沈殿する。ジグモンディによるとこれは金ゾルと錫酸ゾルが相互に吸着した混合物である（化学大辞典編集委員会 編、『化学大辞典』、共立出版（1964）より）。

ロシアの化学者ラウス(F. F. Reuss, 1778-1852年)は1809年、後年疎水コロイドの安定性に深くかかわってくる電気泳動、電気浸透の現象を一つの実験の中で発見した。彼は湿った粘土の中に2本のガラス管を立て、その中に電線を差し込み、これをヴォルタ電池につないだ。しばらくすると、正の極に微細な粘土粒子が昇って水が濁った(電気泳動現象)。負の極では透明な水が昇ってきた(電気浸透現象)。

イタリアの物理学者ヴォルタが電池を発明したのは1800年だったので、ラウスは新しい機器である電池を利用したのである。デイヴィがこの電池を用いて、融解塩の電気分解を行いナトリウム、カリウムを発見したのは1807年であった。

ラウスはドイツの生まれで、ドイツの国籍も持っていた。ドイツのチュービンゲン大学卒、1804-12年モスクワ大学教授。1834年ロシアを去った。彼がこの2現象を口頭発表したのは1807年、1809年に印刷発表した(The Great Soviet Encyclopedia(1974)より)。

1.3　本格的コロイド研究の嚆矢 ― セルミの疑似溶液

1.3.1　セルミの経歴

セルミ(Francisco Selmi, 1817-81年)はイタリアの化学者。彼の経歴は普通の科学者とは違っていた。彼が成年に達した頃、祖国イタリアの状況は1.1の最後で述べたように10の小国(公国または王国)に分割され、オーストリアの間接的支配下にあった。その頃イタリアでは全土で国家統一運動(リゾルシメント)が起こりつつあった。

1948年イタリア北部に位置するサルデーニャ王国を中心としイタリア各地でオーストリアに対する第1次統一戦争がはじまった。それに呼応してモデナ公国内で起こった解放戦争にセルミも参加した。第1次の戦争はイタリア側の敗北に終わり、彼は重要人物としてモデナ公主から

Francisco Selmi
(セルミ, F)

死刑の宣告を受けた。この戦争でオーストリアに鎮圧されなかったのはサルデーニャ王国のみで、この王国はイタリア国内各地から亡命者を受け入れていた。セルミもこの王国の首都トリノに亡命した(「世界の歴史」編集委員会 編, 『もういちど読む山川世界史』(2009)より)。

彼はここでトリノ国立高専に職を得、化学、物理、力学を教えた。一方トリノ大学の教授ソブレロ(A. Sobrero, 1812-88 年)[2)]の研究室に通って、師との共同研究も行った。

彼はトリノ在住中、他の亡命者と組んで国家統一の政治団体「イタリア国民協会」を設立した。この協会はイタリア統一運動の主体となっていった。こうした活動の故に、サルデーニャ王国の首相で、イタリア統一運動の立役者であったカミッロ・カヴールはセルミに対して並々ならぬ敬意を抱くに至った。

1859年カヴールの奔走でフランスのナポレオン3世の支援を受けて、オーストリアとの第2次統一戦争ではサルデーニャ王国が勝利し、イタリアの他の公国は続々とサルデーニャ王国の臨時政府に参加しイタリアの統一が進んでいった。1861年に統一が行われ、サルデーニャ国王エマヌエーレ二世がイタリア国王となった。

1859年までセルミはモデナ公国の解放蜂起闘争を指導しイタリア国の臨時政府への併合に成功し、これを報告する代議員に加わった。この時隣のパルマ公国からの代議員の中にヴェルディ(歌劇「椿姫」などの作曲家)もいた。セルミはまた文献学、言語学にも通じており、トリノでは教育長、文部省の総監も務めた。

1867年セルミは省務を辞し、ボローニャ大学(欧州最古の大学)の化学、薬学の教授となった。ここで彼は化学毒物学という新分野を開拓し、研究指導にあたったが、解剖中に病原菌に感染、それが因となって64歳で死去した。

1.3.2 セルミのコロイド — 疑似溶液

セルミは研究をはじめた頃、スウェーデンの化学者ベルセリウスの著『化学教本』(*Treatise of Chemistry*)に強い感銘を受けた。本書(1808年刊)はベルセリウスが教育の重要性を知って力を注いだ名著で、当時欧州各国語に訳されよく読まれていた。

セルミの疑似溶液の研究は三編の論文として発表された。3番目の論文は師ソブレロとの共著である。いずれもイタリアの学術誌にイタリア語で発表されたのでヨーロパ先進国では注目されなかった。

　1911年トリノ大学の化学者グアレシ(I. Guareschi)により、当時コロイド化学の唯一の専門誌 *Kolloid Zeitschrift* にセルミの業績が紹介され[3]広く知られるに至った。たとえばドイツのフロイントリッヒによる著名な書 *Kapillarchemie* の初版(1909年)ではセルミの名や疑似溶液について全く言及はないが、第2版(1922年)にはその業績がはっきりと取り上げられている。また英国では1925年に有力なコロイド化学者ハチェック(E. Hatscheck)により、コロイド化学初期の注目すべき論文が書籍[4]として発刊された。この中にセルミらの論文3編も収められている。

　以下の(1)、(2)、(3)はこの3編の論文の要約である。

　(1)化学の定性分析の初歩で学ぶ銀イオンの検出反応として塩化銀の沈殿生成がある。セルミは反応系の濃度が非常に低い時には沈殿が生成せず溶液はほとんど透明であることに気付いた。

　(2)ベルリンで1804年に人工的に最初につくられた顔料としてもてはやされていた青色顔料、紺青(ベルリン青またはプルシャンブルー)をセルミは調べていた。これは$Fe(III)$イオンと黄血塩との反応で沈殿として得られる。彼はこの沈殿をろ紙上で水洗していると、ろ液が青色の透明な液になることに気付いた。

　さらに驚くことに、この液は少量の無機塩の添加で濁り、さらに沈殿することを彼は見つけた。これはショ糖水溶液などの普通の溶液では見られない現象で、彼はこの液を疑似溶液(pseudo-solution)と命名した。これは前項の塩化銀のほぼ透明な液にもあてはまる状態である。これこそコロイドの前駆的概念であったのである。

　(3)1847年ワッケンローダー液(硫化水素と亜硫酸の水溶液中の反応生成物)が発見された。セルミは師ソブレロと共同して、この液中のチオン酸類とともに副生する大量の硫黄について調べた。この硫黄の沈殿を水洗すると、安定で透明な硫黄の液が得られた。この液は紺青と同様に少量の塩の効果を示すことから、疑似溶液の仲間であることを知った。こうして彼は疑似溶液は普遍的な

ものだろうと推察した。

1.3.3 セルミの研究の化学的意義

　この第3のソブレロとの共著論文は後に二つの点で取り上げられ化学史的価値を高めた。一つ目は1879年ウクライナのスティングルとモラウスキの研究を誘発し、硫黄の疑似溶液の各種無機塩による凝集・沈殿反応の定量的研究が行われたことである[5]。この両者による研究はシュルツェにより法則化され（1882年）、やがてシュルツェ・ハーディの法則として重要な成果に結実するのである（1900年）。

　二つ目はスウェーデンのコロイド化学者で、1926年ノーベル化学賞を受賞したスヴェドベリとの関係である。彼は優れた研究者であるとともにコロイドに関する名著も出版している。その一つに彼が25歳の若さで著わした書[6]がある。この書は後によく引用されている。この中でソブレロ・セルミの研究が2ページにわたりイタリア語のまま引用されている。この紹介は前述のグアレシ、ハチェックに先立つものであった。

　本節の研究は次の論文に負うところが大きい．北原文雄，「セルミの擬似溶液とその時代−コロイド化学発祥の一断面_」，『化学史研究』，38(2011):74-84。

1.4　ファラデーのコロイド ― 金の液

1.4.1　時代背景とファラデーの生涯

　18世紀末フランス大革命の頃、イギリスでは産業革命がはじまり、蒸気機関の発明による機械的工場生産が確立しつつあった。19世紀に入り、1830-40年代には鉄道建設も急速に進みつつあった。同時に自由主義的思潮も盛りあがり、議会制度も確立し、ヴィクトリア女帝治世（1837-1901年）の繁栄期を迎えるに至った。こうした19世紀のはじめ頃にはイギリスではドルトン、キャベンディシュ、デイヴィらの化学者が活躍をはじめた。ファラデー（Michael

Michael Faraday
（ファラデー，M）

Faraday, 1791-1867年)が育ち、活躍したのはこの頃であった。

ファラデーの生涯については別記の書[7]に詳しいので、ここでは簡略に記す。彼はロンドンの貧しい家庭に育ち初等教育しか受けられなかった。製本屋に住み込みで雇われたので、向学心に燃えていた彼は仕事の傍ら本を拾い読みする機会に恵まれた。

彼はある縁で王立研究所のデイヴィの講演を聴いて感激し、その内容を記録製本してデイヴィに贈り、助手として雇ってくれるよう熱願した。本の内容に感心したデイヴィに無給の助手としてようやく採用された。1813年ファラデー22歳のときであった。

その翌年、デイヴィ夫妻の欧州大陸講演旅行に実験助手として随伴することになった。これはファラデーにとって生涯の記念すべき大きな経験となった。

時はまさに英仏はナポレオンを巡って戦争状態にあった。科学に強い関心を持っていたナポレオンはデイヴィ一行に通行の許可を与え、一行はフランス、イタリアの講演旅行を果たしてスイスで休養を取っていた。しかしナポレオンの復権(エルバ島脱出、パリ入城、ロシア、プロシアとの戦争の再発など)により急遽予定を変更して1815年帰国した。この旅行でファラデーは大陸の著名な科学者(アンペール、シュブルール、ヴォルタその他)に直接に接することができ、彼の生涯における大きな収穫となった。

彼はデイヴィの下で着々とその才能を伸ばし、やがて実力、声望ともに師を凌駕するに至った。

ファラデーは化学、物理学両分野で大きな業績を挙げた。たとえば、塩素の液化(1823年)、ベンゼンの発見(1825年)、電磁誘導の発見(1831年)、電気分解のファラデーの法則(1834年)、光の磁場におけるファラデー効果(1845年)等々。これらの業績が示すように、彼は化学から物理学にわたる優れた学者であったが、化学者とか物理学者と呼ばれることを嫌い、自分はnatural philosopher(自然科学者の意)であるといっていた。因みに彼の最初の論文は「タスカニー地方の天然カセイ石灰の分析」(1816年)であった。

彼は研究と同時に科学の成果を一般の人たちに伝えるという科学の啓蒙にもたいへん熱心であった。王立研究所の重要行事である金曜講演には自ら数多く

出講している。

ファラデーは大学教授などの誘いは一切受け付けず、王立研究所で一研究者として過ごし、1864年惜しまれつつ同研究所を引退し、1867年老衰にて死去した。75歳であった。

彼の有名な啓蒙書『ロウソクの科学』(矢島祐利 訳, 岩波文庫(1956))は彼の少年少女のためのクリスマス講演の記録であるが、その最後のところで、ファラデーは聴衆の少年少女に「皆さんが大きくなったら、ロウソクの灯りのように周りを照らす人になってほしい」という意味のことを語っている。

1.4.2　ファラデーの金の液

ファラデーとコロイドの関係を示す論文は一つしかない。しかしその内容は質的に豊かである。彼は研究生活の最後の頃(1857年)「ベーカー講演―金(および他の金属)の光に対する実験的関係」と題する37ページの長い論文[8]を発表した。はじめの10ページは金の薄片および細粉の熱、圧力による変化を、続く4ページは燐、水素による金(および他の金属)の膜生成などを記している。その残りがコロイド関係にあてられ、小題目は「金の分散粒子－生成－相対的大きさ－色－凝集とその他の変化」であり、それまでは空気中の実験であったのに対し、これは液中の実験である。

ここでは金コロイド(彼は金の液という)の生成法が詳しく述べられている。彼がもっとも推奨している製法は「金の薄い溶液1〜2 pt(0.5〜1 L)に燐の二硫化炭素溶液を1滴加え、よく振ると直ちに発色して赤くなり、6〜12時間放置するとルビー色の液となる」(文献8のp159)。この液は外見上透明な溶液であり、時間による変化は見られず、顕微鏡で粒子は認められなかった。

そして有名な観察が行われるのである。「この金の薄い液にレンズで太陽光またはランプの光を照射すると、粒子は細かくて見分けられないが、集光された光がコーン(円錐)状に光って視られ、反射(散乱の意)光は金の性質を帯びていて、その強さは存在する金の量に比例しているようにみられた」(p160)。コーン状に光る部分は後にはチンダル光と呼ばれるようになった。この光の散乱現象は王立研究所でファラデーに私淑していた研究者チンダル(J. Tyndall, 1820-93年)によりさらに詳しく研究され、はじめの頃はファラデー・チンダル現象

といわれていたが、のちには単にチンダル現象と省略されるようになった。そしてチンダル光が見られることは溶液がコロイドであることの証拠の一つとされるようになった。

　ファラデーは金の液に対する無機塩の作用を詳しく調べた。少量の食塩の添加でルビー色の液は青くなりさらには沈殿した。さらに「種々の還元性物質により生成する金の液中で、金は準安定状態で存在することから金は化合物として存在するのではない」（文献8のp175）と彼は言う。さらに生体物質の作用として「生体の器官の存在で金の溶液は還元されて金の液となり、その物質が存在する限りこの状態は非常に安定である」（p174）と観察している。これは"ゼラチンのコロイドの安定性に対する保護作用"という重要な現象の発見に相当していると考えられる。

1.4.3　ファラデーの金の液の研究の意義

　チンダル現象は光の散乱として19世紀後半からレイリー（Lord Rayleigh）、ミー（G. Mie）らにより理論的に究明された。20世紀中葉にはデバイ（P. Debye）らによりコロイド粒子の大きさとの関係が見いだされ、高分子の分子量、会合体の粒子量の測定に多用されるようになった。

　ファラデーの金の液の研究はこの世紀の終わる頃、彼を尊敬するドイツの化学者ジグモンディ（Zsigmondy）により詳しく追試され、限外顕微鏡開発の引き金となった。この件については後（2.3.3.2）で述べる。

第2章 コロイドの誕生とその実験的発展
－19世紀中期から末期まで－

2.1 時代背景

　本章の時代は前章と一部は重なるが、コロイド化学の立場からは明確に区分される。ここで"コロイド"という言葉が定義されたからである。時代背景は1.4.1でもその一部を述べたが、拡げてみたい。

　イギリスはヴィクトリア王朝時代の繁栄を誇っていた。国内的には自由主義の下で典型的な議会政治が行われていた。対外的には植民地獲得、その直接または間接支配により自国に富を集める"太陽の沈むことなき大英帝国"を築きつつあった。国内では教育、研究の制度が整い学問的成果を挙げつつあった。自然科学の興隆もその中にあった。一方、大陸の強国であるドイツも英国のあとを追っていた。

　ドイツは1830年頃からプロイセンを中心に近代化の運動がおこりつつあった。プロイセンの首相ビスマルクは軍事力を使い、時には現実路線を交えてドイツ帝国の統一を成し遂げた(1871年)。彼の在任は1862年から1890年に及んだ。この間のドイツの化学界の特徴は有機化学の興隆とそれに伴う有機化学工業の発展にあり、この点では英国を凌駕していた。

2.2 コロイド概念の出現

　ファラデーの金の液の研究から4年後、同じ英国の研究者が"コロイド"とい

う言葉、概念を明白に提示することとなった。その人の名をグレアム(Thomas Graham, 1805-69年)という。彼はコロイド関係以外の化学領域でも優れた業績を残した研究者である。まず彼の生涯をみることにしよう。

2.2.1 グレアムの生涯

グレアムはファラデーと同時代の人である。しかし二人の生涯は好対照であった。ファラデーは貧しい家庭の生まれ、グレアムは裕福な繊維業者の家に生まれた。前者は初等教育のみ、後者は大学まで学んだ。前者は研究に一生を捧げ、大学教授、組織の長になることを拒否したが、後者は大学教授、造幣局長官などの栄職に就いた。

Thomas Graham
(グレアム,T)

グレアムは1805年、スコットランドのグラスゴーで生まれた。1804年英国のウォラストンがパラジウム、ロジウムを発見、1803年にはドルトンが原子説を発表したという頃であった。彼はグラスゴー大学に進み、ここで化学に身を投じようと願うようになった。彼の父は彼が神職(牧師)に就くことを強く望み、息子の化学への進学を認めず、父子間に断絶が起き、これはグレアムが大学卒業後もしばらく続いた。このため彼は経済的に苦労した。和解ができたのはかなり後のことであった。1824年大学で修士を取得した後、エジンバラでホープ(H. C. Hope, 1766-1844年, ストロンチウムの発見者)の下で学び、グラスゴーへ戻り、ここで研究室を開き化学を教えた。

19世紀前半は英国では科学研究の制度はフランスやドイツに比べて遅れていて学位授与制度は確立していなかった。そのためグレアムは博士の学位は持っていなかった。

1830年彼はグラスゴーのアンダーソニアン大学(現ストラスクライド大学)の化学の教授となり、彼の生涯の方向が決まった。ここで彼の名を冠して使われる「気体拡散の法則」を発表(1833年)、彼の名が知られるようになった。

1837年、その前年に開設されたロンドン大学(後のUniversity College

London, UCL)の化学の教授に任命され、化学上の数々の業績を挙げた。

　1841年、グレアムは仲間の化学者と語らってロンドン化学会（後の英国化学会）を設立し、初代会長を務めた。1855年造幣局長官となり、その死（1869年）に至るまで在職した。この職はかつてニュートンも在職したことがある科学者として名誉ある職であった。グレアムは在職中実際に貨幣制度の改革を行いつつ、造幣局の中に設けた研究室で化学の研究を続けた。その中に以下に述べる重要なコロイドに関する業績も含まれているのである。

2.2.2　グレアムによる"コロイド"の誕生

　グレアムは若い頃（1833年）発表した気体拡散の法則を、1850年液体中の拡散へと研究の歩を進めた[1]。この中で水中のアルブミンの半透膜透過速度は無機塩類のそれに比べて異常に遅いことに気付いた。この結果が彼をして1861年のコロイド概念の提示の原因となった。グレアムの多くの業績中コロイドにかかわる論文は二つ[2,3]ある。これらはいずれも彼の造幣局長官時代のもので、実験は助手のロバーツ（W. C. Roberts）が協力していたようである。

　いよいよ1861年の記念すべき論文[2]へと進もう。これは50ページに及ぶ長い論文であるが、その大部分は拡散、透析に関する実験と透析によるコロイドの調製で占められていて、コロイド概念の提示に関する部分は最初の1ページ半と最後の方の3ページ半（第7章）である。これらを中心に述べてみたい。

　まず最初のコロイドの定義に関する1ページは誤解されやすい点があるので、筆者ができるだけ忠実に訳した文をそのまま以下に載せる：「物質には特有の揮発性があって、蒸留などの物質分離に利用できる。それと相似て、溶液中の物質にはそれぞれ異なる拡散能があり、物質分離に役立つであろう。拡散の速い無機塩類、ショ糖、アルコールに比べて、結晶性を示さない1群の物質は極端に拡散が遅い。その仲間には水和珪酸、水和アルミナ、溶解状態にある金属酸化物、それからデンプン、デキストリン、ガム、カラメル、タンニン、アルブミン、ゼラチン、動植物体からの抽出物がある。いま数え上げた物質が共通に持っているのは遅い拡散性だけではなく、水和しているときのゼラチン様性質である。これらは水和しているが弱い力で溶液中に存在し、酸・塩基その他との作用が不活性である。ゼラチンがその典型の一つにみえるので、この

仲間をコロイド（colloids）と名付ける。これらの物質の特殊な集合状態をいうとき、これを物質のコロイド状態と呼ぶことを提案する。コロイド状態の反対が結晶状態であり、この状態をとる物質をクリスタロイド（crystalloids）と区分けする。この区分けは疑いもなく分子の内部構造の違いによる（筆者注：下線部分は原文中で特にイタリックにしている部分である）。

　以上のグレアムの提案は当然当時の科学的知識を基としているので、その点は気を付けて理解していかねばならない。いずれせよ、これは素晴らしい、しかも思いきった提案であった。これが基になってコロイド研究の分野が生まれ、その内容を変えつつもいまに続いているわけである。ここで、この定義について二つの点を指摘しておきたい。

　一つはコロイドを物質とみて、拡散速度が遅い1群の物質と言っている点である。そしてその例として、無機、有機の高分子性の物質を挙げている。反対の物質群は無機塩類、ショ糖、アルコールなどでクリスタロイドと呼ぶことにしている。この見方はコロイドを物質とする考えで、これをコロイドの物質論という。これは20世紀になってからのシュタウディンガーの巨大分子説の論拠の基となった。この説はコロイドの分子構造を問題にしているので、物質論のことを構造論ともいう。

　もう一つは、コロイドは特殊な集合形態をとっているという点である。この集合形態という語は状態という意味であろう。コロイドは特殊な状態をとるとグレアムはいうのである。固体（または結晶）でもない、単純な液体でもない特殊な状態をとるのがコロイドであるということになる。この立場を強調する考えをコロイドの状態論という。

　このようにグレアムのコロイドについては、物質論（コロイドは物質の区分けを示している）か、状態論（コロイドは物質の状態をいっている）かという二つの見解がある。立花太郎はこれをグレアムのコロイドの両義性と呼んだ[4]。

　フロイントリッヒはその著 *Kapillarchemie*（第4版，1930年）の序章で、前者の立場を述べ、それが後者へ移行することを論じている[5]。Wo オストヴァルトとワイマルンは無機疎水コロイドを念頭に置いて明確に後者の立場をとっている。この二つの見解に関連して注目すべきはグレアムの論文[2]中の「第7章 物

質のコロイド状態について」である。次にこの章について概略的に見てみたい。

2.2.2.1 コロイド状態とクリスタロイド状態間の移行

同じ物質でありながら条件でコロイドにもクリスタロイドにもなり得る例をグレアムは挙げている：結晶性のよい氷（クリスタロイド）が加圧下では接着性を示す（この現象をファラデーは"復氷"と呼んだ）。接着性はコロイド性なのでこれはコロイドということなる。金属は低温で結晶であり（クリスタロイド）、高温では溶融して非結晶となる（コロイド）。酸化珪素は常温では石英という結晶（クリスタロイド）として存在するが、高温では溶融してガラス（コロイド）となる。

以上のことから考えると、コロイドとクリスタロイドを物質の区分けと考えることは難しくなりコロイド物質論は不利となる。後述するように、Wo オストヴァルト、ワイマルンはコロイド状態論を精緻に組み立てることになる。特に後者はグレアムの第7章を重視するのである。

ここでグレアムがこの章の最後に述べた意味深長な言を引用しておこう：「自然界にははっきりした区別というものは存在しないし、物質の区分けは絶対的ではないという格言が事実によって証明されているのではないだろうか」。

2.2.2.2 グレアムの"分子の構造"について

グレアムは論文[2)]の第1ページで、先に引用したように「この（コロイド、クリスタロイド）の区分けは分子の内部構造の違いによる」旨のことをいっている。これに関連した事柄で、彼はこの第7章でこう言うのである「コロイドの分子量はいつも高いようである。ゴム酸（アラビアゴム）の場合、組成式は $C_{12}H_{11}O_{11}$ で示されるが、アルカリ定量によると、真の分子量は組成式によるものの数倍以上と高い分子量を示している。」

「そして高い分子量は小さい数値の繰り返しになっているのではないか。コロイド分子はクリスタロイド分子のグループ化によって作られているのではないか？またコロイド性の基本は分子のこの複合性によっているのではないか？という疑問が生まれるのである。」（p221）。この疑問は1920年代のポリマー物質の構造に関して、共有結合による巨大分子かそれとも物理的力による会合体分子かのいわゆる巨大分子論争の根源となっている[6)]。

注 グレアムのコロイドに関する業績の記述を終了するに際して一つのコメントをしておきたい。彼の業績で現在まで人類が恩恵を受けている現象は「透析」である。彼は論文[2]の4ページ目でこう定義している：「ゼラチン状の隔膜を通しての拡散による分離法」。

2.2.2.3　グレアムのコロイド以外の業績

UCLにおけるグレアムの後継者はウィリアムソン（A. W. Williamson, 1824-1904年）であった。彼は明治維新前後の日本の文化に大きな貢献をした人であった[7]。彼が初期の *nature* 誌[8]に載せたグレアムの業績を簡潔に述べてみたい。不思議なことに、この紹介文中にはグレアムのコロイドに関する1861年、1864年の論文については全く触れていないのである。これはこの研究がグレアムのUCL退任後の、しかも彼の最後の頃の研究であったため、ウィリアムソンの視野から外れていたのであろう。

（1）当時異性体と考えられていた3種のリン酸は五酸化リンと化合する水分子の数が異なる別種のリン酸であることを証明した。（2）水素と酸素の混合物はパラジウムの作用でほとんど完全に分離できることを知った。これは現在注目されているパラジウムの水素吸蔵作用の発見である。（3）アルコールは hydric sulphate の作用でエーテルと水に転換することを知った。

ウィリアムソンはその他いくつかの研究について紹介しているが、最後に彼はこう言う：「私が最も関心を持ち、重要な彼の業績として挙げたいのは拡散に関する研究である。」そして前述した1833年のグレアムの気体拡散の研究を詳しく紹介するのであった。

2.2.2.4　セルミ、ファラデー、グレアムの関係

セルミ（1817-81年）、ファラデー（1791-1867年）、グレアム（1805-69年）。このように3者の生年、没年を並べてみると、この3者は同時代人であることがわかる。さらに3者のコロイドについての研究の発表年も、セルミは1845-50年、ファラデーは1857年、グレアムは1861-64年であった。コロイドという領域が10年余の間に突如として関連もなく現れたことに感慨を覚える人もあるであろう。

セルミとファラデーの研究の間の相関性の存在の証拠はない。グレアムはセルミの研究には全く触れていない。イタリア語の学術誌を前者は関知しなかっ

たのであろう。しかしセルミの方では科学の先進国イギリスの研究には関心を持っていた。セルミは1850年以降疑似溶液の研究からは離れてしまっていたが関心は捨てないでいた。その後もイタリアの化学事典の執筆などに参加していた。後年のセルミの紹介者グアレシ[9]はこう言う：「グレアムは1850年、水中の拡散能を測定し、アルブミンは無機塩類より拡散速度が著しく遅いことを見出しているが、セルミはこれを論評して言った"アルブミンの拡散能が遅いのは私（セルミ）が言ったように、この溶液が疑似溶液だからである"と」。

さらにグアレシは言う：「1861年のグレアムによる"コロイド"の提言に対してセルミはイタリアの化学百科辞典第10巻（1875年）で次のように記している"ガム状物質、アルブミン類、ゼラチン、デンプンなどのコロイド物質は一般に水中に真に溶けているのではなく、疑似的に溶けているのである。ある種の鉱物性物質にも同様なことが起きている"」。ある種の鉱物性物質とは自分（セルミ）らの研究してきた紺青、硫黄を指しているのであろう。セルミにとってはグレアムのコロイドは彼の疑似溶液に外ならなかったのである。

グレアムはファラデーと同国人である。ファラデーの金の液の論文（1857年）はグレアムのそれ（1861年）と同じ雑誌に掲載されている。グレアムが自分の論文にファラデーのことには全く触れていないことは不思議である。ファラデーからの引用は前述した復氷のことだけである（2.2.2.1参照）。グレアムは金のような金属のコロイドには関心を持っていなかったことが彼の実験（論文2の第4章）から推測されるのである。

2.3　コロイド研究の実験的展開 — 無機コロイドへ

2.3.1　シュルツェの出現と無機コロイドの展開

グレアムは1864年コロイドに関する第2報を発表した。ここで彼はシリカコロイドを中心にしてコロイドの実験的展開をした。そしてコロイド溶液に"ゾル"という語を使い、凝固した状態に"ゲル"という語を使った。また媒質として水以外のものも対象とし、たとえばアルコールを媒質としたアルコゾル、アルコゲルなどの語も使っている。

ところがこれ以降15年間コロイドに関する研究は見当たらない。コロイド

という新概念が化学者たちにまだなじまなかったのであろうか。しかし意外な所で疑似溶液としてその姿を現したのである。

ロシア（現ウクライナ）のチェルノヴイリ（1986年の原発事故で知られた所）の大学の化学者スティングルとモラウスキ（J. Stingle, T. Morawski）は1850年のソブレロ・セルミによる硫黄の疑似溶液の研究（1.3.2参照）を掘り起こし、この溶液は真の溶液とは異なるという提言に共感した[10]。そしてこの硫黄溶液に対する無機塩添加による沈殿生成現象を種々の塩について定量的に研究した。その結果沈殿生成の塩の最小濃度は塩の種類により大きく異なることを知ったのである。二人はその解釈（理由）解明に努めたが成功するに至らなかった（1879年）。

Hans (Oscar) Schulze
（シュルツェ，H. O.）
（出典）http://www.uni-kiel.de/anorg/lagaly/group/klausSchiver/schulze.pdf

ドイツの化学者シュルツェ（H. Schulze, 1853-92年）はこの二人の研究に着目した。その内容に入る前に彼の生涯（経歴）を紹介したい[11]。

2.3.1.1　シュルツェの生涯

彼はドイツのザクセンの生まれ。出生地の実業高校に進学し、ここで彼は鉱物学に強く惹かれた。1869年ライプチヒに移り、2年後17歳で大学入学資格を得た。その後彼はライプチヒ大学で自然科学を学び、化学実験はウィーデマン（物理学者、彼の名を冠した物理と化学の学術誌が当時著名であった）から学んだ。その後彼はザクセンのフライブルグ鉱山大学に移ったが、兵役に服するためしばらく鉱業の研究を中断した。1875年採鉱技師免許状を取得した。フライブルグで著名な化学者ウィンクラー（C. Winkler）の指導を受け、研究者魂が芽生え、化学特に鉱物化学を専攻する決意をした。27歳でライプチヒ大学から優秀な成績で学位を授与された。しばらくして、同大学の講師に任命された。1884年彼はチリ・サンティアゴ大学から無機化学の教授に招聘された。彼は教育、研究に非常に熱心で、化学のみでなく、地質学、鉱物学の領域にも

携わり、チリで新しい鉱物を発見し、これを分析したりした。

彼はドイツにいた頃から研究に硫化水素、硫化ヒ素などの有毒物質を扱っていた。チリに移ってからのあるとき、実験装置の気密性不良のため、多量の硫化水素を吸入して被毒し、それが原因で1週間後に妻と二人の息子を残して亡くなった。

2.3.1.2　シュルツェの業績

彼には注目すべき論文が三つある[12-14]。それらは二つの大きな業績としてまとめられる。(1)無機物質のコロイド(ゾル)をコロイドとして明確に認めたこと、(2)ゾルに対する塩の効果についての原子価依存性を実験的に法則化したことである。

(1)について：グレアムのコロイドの主力は天然の有機コロイドであった。しかし19世紀後半の化学者たちにより進められた研究対象は無機コロイドであり、それを意識して先鞭をつけたのがシュルツェであった。

シュルツェの最初の論文[12]を紹介する。彼はベルセリウスが取り上げた水中に見かけ上溶けて黄色を呈する硫化ヒ素に目をつけた。ベルセリウスはこれを真の溶液ではなく懸濁液とみていた。この溶液は着色が強く、透析で数週間たっても半透膜を通過する液は依然として無色であり、この着色液はグレアムが例示した卵白アルブミンや水和珪酸と似ているコロイドであることを彼は確信した。この硫化ヒ素の溶液はグレアムのいうコロイドであり、無機物質もコロイドになりうる例であると彼は強調した。グレアムの1861年のコロイドの定義以後はじめて調製された無機コロイドとしてこの論文の価値は高い。

シュルツェは次の論文[13]において、硫化アンチモンのコロイド溶液(ゾル)が調製できることを確かめている。シュルツェの言を引用しておこう：「不溶性の形態でのみ存在していると考えられている無機物質もコロイド状態に移行させることが必ずできるようになるであろう」(p331)。まさに後述のワイマルンの仕事を予言しているかのようである。シュルツェはこのコロイド状態を一つの変体(modification)と呼んでいる。

彼はさらに進んでセレン酸、白金酸、タングステン酸からセレン、白金、タングステンのゾルを調製した。そして言う：「セレンはこれまでにコロイド状に溶けた形で得られた最初の元素である」(文献14, p398)。筆者は金、硫黄と

いう元素も既にこの時コロイドとして得られていることを付言しておきたい。

因みにシュルツェはセレンゾルも強く着色すると記している。セレンを1万分の1の濃度に希釈してもゾルは赤黄色で蛍光を示すという。

シュルツェの後、銀ゾルが各所で調製され、その液の均一か不均一かの論争がはじまるのであるが、彼自身は彼の硫化ヒ素ゾルは顕微鏡で粒子が認められないので均一であると言っている。

(2)について：シュルツェの第2の仕事はゾルに対する塩の作用であるが、この契機となったのは1879年のスティングルらの研究(2.3.1参照)であった。シュルツェはスティングルらの研究に強い興味を覚え、硫黄の代わりに彼の硫化ヒ素ゾルについて塩の作用を定量的に調べた。方法はスティングルらの研究と同じく、硫化ヒ素ゾルに濁りを生じさせる塩の限界希釈度(最低濃度の逆数)を種々の塩について求めたのである。そしてスティングルらを絶望させたその数値と塩の何かとの関係を探った。

その結果、シュルツェは次のことを見出した。「塩の限界希釈度は塩の構成部分の金属の原子価と関連する」ということであった。詳しくは、金属の原子価が等しいものではその値はあまり変わらないが、価数が増すとこの値は著しく増した(文献12, 1882年)。シュルツェはこの限界値を沈殿エネルギーと呼んだ。この限界希釈度と塩の金属部の原子価との関係はコロイド研究にとって非常に重要な知見であり、一つの法則といってもよい。後に(1900年)ハーディによりさらにその科学的意義が深められ、シュルツェ・ハーディの(原子価)法則と呼ばれるコロイド化学史上重要な法則となっていくのである。こうしてシュルツェの二つの業績はコロイド化学発展の重要な一里塚となった。

2.3.2　ゾルの均一・不均一論争

はじめに用語について復習をしておきたい。液状のコロイドをコロイド溶液というが、この言い方には問題がある。溶液というと真の溶液のことを思わせる。グレアムは液状のコロイドをゾルと命名した。いままでも本書では混用してきたがゾルの語も用いることにする。たとえば金コロイド溶液は金(の)ゾルである。

さて本節ではゾルが溶液の仲間か、すなわち均一か、それともサスペンション(懸濁液)の仲間かすなわち不均一かという論争がシュルツェの頃からはじま

り約20年間激しく展開されたことを述べてみたい。この論争は現今のコロイド化学からみると不必要な議論であったようにみえるが、結果として限外顕微鏡という成果が生まれたことが注目される。

2.3.2.1　ムトマンの銀ゾル

この論争についてシュルツェの発言があったが、実質上論争の火ぶたを切ったのはムトマン（W. Muthmann, 1861-1913年）であった。はじめに彼の経歴を述べよう[15]。彼はドイツの化学者で、ライプチヒ、ベルリン、さらにハイデルベルグの大学に学んだ。ハイデルベルグではブンゼンにも学んだが、ツィンメルマン（C. Zimmermann）の下で1886年学位を得た。1888年ミュンヘン大学の助手、1894年同大学で大学教授資格を得た。希土類金属、その鉱物の物理的、化学的性質の研究を行った。

1899年ミュンヘン工業大学の無機物理化学の講座をミラー（W. von Miller）から引き継いだ。彼は研究思考ではブンゼン、グロート（P. Groth）から強い影響を受けていた。彼の主な研究は希土類元素であったが新元素発見には至らなかった。彼のコロイド研究について次に紹介する[16]。

彼は当時のヴェーラー（F. Wöhler）らの亜酸化銀（Ag_4O）という物質の研究に挑戦した。この物質の存否が1880年代問題になっていたのである。彼は通常の銀の酸化物をクエン酸で還元しようとの実験を行い赤色の水溶液を得た。ムトマンはこの液を当時のコロイド化学的方法で研究した。ところが彼はこの論文中でコロイドとかゾルとかいう語を一切使っていない。彼は本来無機化学者であったからだろうか。彼はこの液について透析実験を行ったが、赤色物は全く膜を透過しなかった。透析した赤色液は無機塩の添加で脱色し黒色物が沈殿した。沈殿物は金属銀であった。この透析実験は金属ゾルについてのはじめての記録である。

これらの実験から彼はこの赤色水溶液は銀の微粒子が水中に分布している銀のサスペンションで真の溶液とは異なるものであると結論した。そして亜酸化銀なる物質は存在しないことも確かめたのである。さらにムトマンは次のようにも言う「シュルツェによれば[14]、セレンもまた可溶性の変態を作る。私はシュ

ルツェの観察の正しさに納得している。そしてこのセレン溶液は私の銀のサスペンションとその挙動において全く同様であることを見出したのである」(第1章文献4のp116参照)。

ムトマンが赤色の銀の溶液は透明ではあるが銀のサスペンションと明言しているところから、彼はゾルの不均一論の先達者とされたわけである。ところが早くも翌年に大きなクレームをつけた研究者が現れた。それはアメリカ大陸のカレイリーであった。

2.3.2.2　カレイリーの反撃[17]

まずカレイリー(Matthew Carey Lea, 1823-97年)の略歴を記す。彼はアメリカ・フィラデルフィアの生まれで、家庭教育で育った。法律を学び、1847年弁護士になったが開業はしなかった。その後写真術の基礎、実際を学び、1868年『写真技術』を出版、1870-78年写真技術に関する重要な論文を発表した。その中に「ハロゲン塩」についての論文もある。1892年国立科学アカデミー会員に選出された。

カレイリーは平常、教科書に載っているものはほとんどすべて間違っていると言ったりして、権威にはとらわれないが、独善ともみえるところがあった。彼は「ムトマンが用いた溶液の試験方法は承認できない。たとえば、透析器を通らない物質はコロイドであるというが、これは溶液中にないものの証明にはならない」という調子で、ムトマンの他の実験も受け入れなかった。

彼は銀には通常の銀とはその性質がかなり異なる同素体(allotrope)が存在するとの考えから、ムトマンが研究した赤い銀の水溶液は水溶性の銀の同素体の溶液であるとした。そしてこの赤い液に含まれる物質について、銀の化合物か、銀の混合物かを綿密に調べた。結果として、この液中には銀以外のものは含まれていない。この液は銀の中の可溶性同素体の水溶液である。またこの液は光学的方法で調べて真の溶液であると考えざるを得ないとした[18]。彼の考えが均一説とされている所以はこの辺にあるが、いかにも論拠としては弱いように思われる。しかし彼の論文[17]がよく引用されているのは銀の赤色液の作り方、この液中の銀についての精緻な分析法の故であろうか。

2.3.2.3　バラス・シュナイダーの不均一説

　ムトマンとカレイリーの銀ゾルに対する不均一と均一の相反する説を受けて、アメリカの研究者バラスとシュナイダーははっきりと不均一説を発表した。その内容に入る前にバラスの経歴を記したい。残念ながらシュナイダー（E. A. Schneider）のそれは不明である。

　バラス（C. Burus, 1856-1935年）はアメリカ・オハイオ州シンシナティの生まれの物理学者で、父は音楽家である。コロンビア大学に学び、ドイツのヴュルツブルク大学に留学して物理学の教育を受け、コールラウシュ（F. W. Kohlrausch）の下で学位を取得した。帰国後地質学関係の国家機関で働き、1892年アメリカ国立科学アカデミーのメンバーに選ばれた。1895年ブラウン大学の物理学の教授となり1903年大学院学長となる。1926年定年となるも、死去するまで同大学にて研究を続けた。彼は19世紀末の合衆国の新興物理学分野の中心人物で、アメリカ物理学会設立メンバーの一人でもあり、1905-6年第4代会長を務めた。彼はその時代の最も優れた実験家の一人で、その研究内容は地質、冶金、高圧物理のほかコロイド化学も含まれる（American National Biographyより）。

　バラス・シュナイダーはその論文[19]において、グレアムの拡散の研究から筆を起こし次のように言う：「現在までコロイド溶液は一見溶液と見えるし、他方微小粒子が存在するという見解も示されている。そこで我々は銀の溶液の電気抵抗を測定し、銀の微粒子が水中に分布して運動しているのか、または分子として存在しているのかを解明したいのである。前者の場合は非伝導性、後者の場合は金属伝導が示されると期待される」と。これはムトマンの不均一説とカレイリーの均一説と、いずれが正しいかを試そうとするものであった。

　バラスは当時一流の実験物理学者であり、実験は入念に行われた。その結論として銀ゾルでは銀の極めて細かく分割された粒子が溶媒の粘性により絶えず運動しているという見解に達した。そして同素体の銀が存在するという証拠には賛同できない、銀は単に普通の銀として存在しているのだと彼らは言う。彼らは最後に、この考えはコロイド溶液に普遍的に当てはまることであるとして、不均一説の一般性にまで言及したのである。

2.3.2.4　ピクトン・リンダーの研究

　ムトマン→カレイリー→バラス・シュナイダーと均一・不均一論争が続いた。ところがバラスらの結果(1891年)を批判し、この論争を止揚するような新しい見解が1892年に4報にわたって発表された[20]。それは英国のピクトン(H. Picton, 1867-1956年)とリンダー(S. L. Linder)のチームの研究であった。

　まず、均一、不均一とは何をもって決めるのか？この違いは絶対的なものなのか？という基本的な問題が取り上げられた。この4報にわたる彼らの研究はまとめにくいが、立花論文[4]を参考にしつつ紹介してみたい。

　ピクトンらはここで関係する系の状態を次のように三分別した：

（a）顕微鏡下で粒子が認められる－サスペンション
（b）顕微鏡下で粒子は認められないが、チンダル光を示す－疑似溶液
（c）チンダル光も認められない－分子溶液

（b）はコロイド溶液またはゾルに相当する。（c）は真の溶液である。

　ピクトンらはシュルツェが扱った硫化ヒ素について、亜ヒ酸に対する硫化水素の添加量を変えるという調製法の違いにより（a）、（b）、（c）のいずれかの状態が現れ、さらにその間の、区別しにくい場合も現われ、これら3状態は連続的に変わることを知った。

　また水和珪酸溶液は塩酸存在下ではチンダル光を示さず透明で（c）であるが、透析で塩酸を除いていくと、この溶液は弱いチンダル光を示しはじめ、放置するとチンダル光は増してきて、（c）→（b）と連続的に変化した。すなわち、均一と不均一の間は連続的ということになった。

　結局ピクトンらによると、均一とか不均一とかは同じ物質でも作り方、処理の仕方でいずれの状態も取り得る、しかも連続的に変わるということになった。

　ピクトンらのこの実験、考え方により均一・不均一論争は決着の出口を与えられたかにみえたが、この論争はまだ続くのであった。ピクトンらはこの研究をさらに続行することなく中断し、電気泳動装置の開発へと進んでいくがこの仕事も1897年で終わっている。

　ピクトンのその後の行動はややユニークであった。彼はその後熱心に平和運動に携わるようになり、敵対関係にあった英国とドイツ間の和解に努めた。1923年

第2回ドイツコロイド学会の全体集会に招かれて感動的な講演を行いその中で彼自身を過去の亡霊と呼んだ[21]。

2.3.3 ジグモンディの登場と限外顕微鏡の開発

19世紀末、均一・不均一論争は依然として続けられた。対象はファラデー以後忘れられていた金ゾルについてであった。火をつけたのは後にコロイド界の重要人物となるジグモンディ (R. Zsigmondy, 1865-1929年) であった。まず彼の経歴を辿ろう。

2.3.3.1 ジグモンディの経歴

Richard Zsigmondy
(ジグモンディ, R)
(出典) *Kolloid-Z*, 特別号, 36 (1925).

ジグモンディはウィーン生まれのハンガリー人。父は科学者、母は詩人であった。15歳の時父は早世したが、十分な教育を受け、兄弟と共に山登りを楽しんだ。高校で自然科学特に化学、物理に興味を持ちはじめ、屋敷内の研究室で実験をしたりした。

彼はウィーン大学の医学部で学びはじめたが、まもなくウィーン工業大学へ移り、その後ミュンヘン大学でミラーの下で化学の研究をはじめ、ここで有機化合物インデン (C_9H_8) の研究でPhDを取得した (1889年)。その後彼は有機化学から転じて、ベルリン大学のクント (A. Kundt) の物理のグループに参加し、1893年オーストリアのグラーツ大学で大学教授資格をとった。

彼はガラスとその着色の知識をもっていて、1897年イエナのスコットガラス工場に招かれ、ここでイエナミルクガラスを発明し、また赤色ルビーガラスの研究の指導をした。1900年スコットガラスを去ったが、イエナに残って私的講師として研究の指導をした。イエナのカールツァイス社の光学研究者ジーデントップ (H. Siedentopf) と協力して限外顕微鏡を開発したのはこの頃である。彼は1908年ゲッチンゲン大学に移り無機化学の教授として定年まで勤めた。1925年コロイドの研究によりノーベル化学賞を受賞した。授賞理由は「コロイド溶液の不均一性に関する研究および現代コロイド化学の確立」であった。

2.3.3.2　ジグモンディの均一説

　彼は古くから陶磁器の釉薬などに用いられてきたカシウス紫金の本性に興味を持ち研究していた。これのアンモニアへの溶解性を調べているうちに次のような確信を持つようになった「金は塩化金酸塩の溶液から還元される際、金属状態に移行するが、過剰の水に溶解しているに違いない」(文献22のp29)。そしてまだ不明な点があるカシウス紫金の本性を、金の赤い溶液の研究から知りたいと考えた。そうして金コロイド溶液について本格的研究をはじめた。そしてその成果が論文として発表された。これがジグモンディのコロイドに関する最初の文献[22]となった。彼はここでコロイド溶液の均一説を展開するのである。

　彼は塩化金酸塩溶液の還元剤として種々の物質を試み、最適のものとしてホルムアルデヒドを選んだ。彼の得た金の液は完全に膜不透過性であったのでコロイドであるとした。しかし顕微鏡の分解能を最高にしても粒子は認められず均一に見え、煮沸、濃縮しても何ら変化せず、比重の高い金でありながら沈殿もしないことから、この液は均一であるとした。そして彼はこの状態を"コロイド溶液"と称した。これが彼をしてゾルの均一論者とする証拠である。

　一方で彼はファラデーを尊敬し、その金の液の成果を信用していた。そして自分の論文[22]の付記として次のように記す「わが母国ドイツでは偉大な科学者ファラデーのこの仕事はほとんど知られていない。しかしカシウス紫金に関係のある研究に従事している人はこのファラデーの赤い金の液にもっと関心を持つべきだ。私はこのファラデーの仕事に入り込むことにした」(p49)。ついで本論文の付記の中でファラデーの金の液の研究を詳しく紹介した。ジグモンディのファラデーへの尊敬の念は彼の限外顕微鏡開発への駆動力となっていくのである。

　ジグモンディはファラデーの研究を追試した。その結果、ファラデーの金の液がコロイドにしては大きめの粒子を含むが故に不均一に見えることを彼は知った。彼はこの知見と自分の均一説との違いに悩んで、こう言うのであった「ファラデーの金の液は均一にコロイド溶解しているものとサスペンションとの混合物であろう」と。そして自分の均一説とファラデーの液の不均一性との折り合いをつけようとした。

2.3.3.3　ステックル・ヴァニノの反論

　前節のジグモンディの均一説に対してすぐさま反論したのがステックルとヴァニノ（K. Stoeckl and L. Vanino）であった[23]。還元剤として、ファラデーはリン、ジグモンディはホルムアルデヒドを使用したことに着目して、彼らはこの二つの還元剤を使って金の液を作り比較したのであった。彼らはこの両者には差異が認められなかったので、ジグモンディは間違っているのだと結論した。そして彼らが使用した金の液の着色物は膜を通らないこと、照射太陽光による反射拡散光が偏光していることを知り、この金の液は微細な粒子を含んでいるサスペンションであると明言したのである。さらにジグモンディがファラデーの金の液はコロイド溶液とサスペンションの混合物であるといったのに対して、これは少なくとも自分勝手な言い分で決して支持できないと反論したのであった。これは大きな問題点となった。

2.3.3.4　ジグモンディの再反論と迷い

　ジグモンディはステックルらの論文に対して即座に反論した。その舌鋒は鋭かったが、わだかまるところもあった。ジグモンディは「コロイド溶液は溶液に属する」と明言し、さらに「ステックルらはファラデーと私の金コロイドを比較実験したところその差異はなかったと言い、また私の加熱による金コロイドは変化がなかったという点も否定している。」といってステックルらを痛烈に非難するのであった[24]。

　このようにジグモンディは不均一説を非難したものの、その心底には、均一、不均一とは何か？という迷いがわだかまっており、論争の進行によりその思いがさらに強く湧き上がったようである。

　ジグモンディにとって大きな問題は尊敬するファラデーの金の液（これは不均一性）と自分が調製した金ゾル（これは均一性）との違いであった。彼はファラデーの金の液を不均一サスペンションと均一溶液との混合物とした。これをステックルらに自分勝手な考えであると非難されたのであった。またジグモンディの念頭にはファラデーの金の液と自分の金ゾルとの違いを知りたいとの思いが強くなってきた。

　そこでジグモンディは次のような実験を試みた；彼の作った透明度の高いチ

ンダル光がはっきり見えないような金ゾルにごく少量の濁っている（チンダル光が強い）ゾルを加えて観察した。この混合液は強いチンダル光を示した。この事実は前述したステックルらがジグモンディの見解は自分勝手なものと批判したことが実は実験的に真実であることを物語るものであった。

そこでジグモンディはこう考えた：この混合液にもっと強い光を当て、そのチンダル光を観察したらどう見えるだろうか——比較的大きい粒子はチンダル光をはっきり示し、不均一説の論拠になるであろうが、大部分の透明な液、すなわち均一説の基となっているものはどんな状態に見えるか？一面に暗い領域なのであろうか？彼はそれを知りたいと考えたのである。

2.3.3.5　限外顕微鏡の開発とその影響

前述の大きな疑問にヒントを与えてくれた先人の研究があった。一つは強い光を側方から試料に当て、光の通過方向と垂直の方向から顕微鏡で見るという暗視野方式と、もう一つは強い光源から細隙を通した光は顕微鏡の分解能を越えた小さい粒子を見分けられるという細隙方式とである。両者を合わせた方式を細隙暗視野型顕微鏡、広く限外顕微鏡という。

ジグモンディによる最初の暗視野型顕微鏡が考案されたのは1900年4月頃であった。この頃はまだ彼は均一説をとっていた。この装置ではスズ酸ゾルのかなり微小な粒子までは観察されたが、少し透明度の低い金ゾルでは緑色の明るい光路が見えただけで金の粒子は見えなかった。透明度の極めて高い希薄の金ゾルではごみの粒子が見えるだけで全く光学的に透明であった。しかし彼は光学的素子を改良すればこの金の場合も個々の粒子が見えるだろうとの確信が持てるようになり、光学の専門家の協力を求めることにした。イエナのカールツァイス社のジーデントップの協力を得て細隙暗視野型顕微鏡（限外顕微鏡）の開発に成功したのは1902年であった。

この二人の連名で限外顕微鏡開発の論文[25]が発表されたのは1903年である。限外顕微鏡の原典としてよく引用されるのはこの論文であり、詳しい光学的説明がジーデントップにより、金ルビーガラスへの応用がジグモンディにより記されている。化学者がゾルへの応用を学ぶにはジグモンディによる書籍[26]の方が好適である。ジグモンディは結局均一と主張していた金ゾルを、自らが開発

した限外顕微鏡で、不均一系と断定せざるを得なくなり、均一説を自らの手で葬ったのである。ジグモンディは限外顕微鏡で自らの金ゾルを観察した時の状況を次のように語っている：「金の小さな粒子はもはや単に浮んでいるのではない。驚くほど速い一群のブヨの動き方が金ゾルの粒子の動きにそっくりである！彼らは跳び、踊り、ジャンプし、一緒に突進し、そして互いから飛び去っていく。そしてぐるぐる回ったりしてその位置は決めにくい。この運動は連続していて液体を混ぜ合わせ、数時間、数週間、数ヵ月、いやこの液が安定なら何年も続くのである。一方液体中の大きい粒子のブラウン運動はこれに比べて緩慢である」[27]。

こうして限外顕微鏡の開発はコロイド溶液の均一・不均一論争に終止符を打ち、コロイド溶液（ゾル）の実態を明らかにした。これを契機としてコロイド現象の研究は新しい時代に突入していくのである。そこで限外顕微鏡の存在が早速引き起こした注目すべき研究例を二つ挙げておきたい。

（1）当時若手のスウェーデンの研究者スヴェドベリは早速この方法を利用した。彼は19世紀はじめに発見されていたまま定性的にしか語られていなかったブラウン運動の定量的研究を限外顕微鏡を用いてはじめて行った（1906年）。この研究は分子の実在性という当時の大問題とからんで大きな波乱を呼び起こした。このことについては3.4.2で詳しく述べる。

（2）Wo オストヴァルトは20歳代で彼のコロイド研究第1報を発表した（1907年）。これはコロイドの本性に関する注目すべき論文となるのみならず、ジグモンディの限外顕微鏡によるゾルの不均一性の知見に立脚するものであった。このことについては3.4.1で詳しく述べる。

ここで後に発表されたジグモンディの回顧文についてその一部を紹介しておきたい。彼は均一・不均一論争の終焉の約20年後、そのことについて回顧した論文[28]を発表している。ただしここでは、溶液論、サスペンション論という語を使っているが、これらの語は均一説、不均一説と同じである。

さて彼は冒頭で言う：「私はこの論争を回顧することがしばしばある。それは楽しくない議論であったが、その状況を明らかにしたい。同時にその折生じたいくつかの誤りを正すため筆を執った。」。彼は「溶液とは何か？」という設問から出発した。「実験化学者は溶液を"混合物で、一様になっていて、太陽光で

透明に見えるもの"と考え、コロイド溶液とクリスタロイド溶液（分子状に溶けた液）とに分類した。これはグレアムが1861年に提案した区分と対応している。その意味で"コロイド溶液は溶液に属する"という命題が出てくる」。ところが「私が重要と思う誤解が生じた。それはサスペンション論者が"溶液"を狭めて、これに理論的意味を持たせようとした。すなわち、溶液をファントホッフの束一性理論に従うクリスタロイド溶液に限定しようとし、この理論に従わないコロイド溶液を溶液の仲間から外そうとした。そうすると"コロイド溶液は溶液ではなくサスペンションである"という命題が出てきてしまうのである。」

この論文の最後の方で彼は言う：「研究が進むにつれてサスペンションとコロイド溶液とが明らかにつながってきたため、これら全体の呼称が必要になった。その名前を私も提案したことがあるが、Wo オストヴァルトが1907年"分散系"という語を提示した。これを私は最適なものとして評価する。」

2.3.4　コロイドの電荷と電気二重層

19世紀後半にはコロイドに関心を持つ化学者たちにより実験的成果が集積されてきた。一方でコロイドそのものでなく、コロイドに深く関連することになる界面現象の研究も行われてきた。その中に物理学者により展開されてきた界面電気の存在にかかわる現象がある。これは後にコロイドの安定性という重要な問題につながってゆくのである。この現象の中で界面動電現象とその基礎となっている電気二重層に注目して調べてみよう。

2.3.4.1　界面動電現象序論

19世紀初期、ロシアの化学者ラウスにより発見された界面動電現象の一部の電気泳動、電気浸透（1.2参照）は数十年後に物理学者により再検討され、さらに流動電位、泳動電位の現象が発見されるにいたった。これら四現象は界面動電現象としてまとめられ、これらの基礎になる電気二重層概念が生まれることになった。

この現象、概念は粒子の界面電荷の存在を明らかにした。そしてコロイド系の重要現象である電解質効果、ひいてはコロイド系（ゾル）の安定性の問題に深くつながっていくのである。19世紀中葉の物理学者の先陣を切るのはウィーデマンであった。

2.3.4.2　ウィーデマンの経歴と研究

　ドイツの物理学者ウィーデマン（G. Wiedemann, 1826-99年）がベルリン大学で取得した学位は有機化学に関したものであった。また大学での目的の一つはヘルムホルツと知己になることであったという。ウィーデマンを特に世に知らしめたのは学術誌 *Poggendorf's Annalen der Physik und Chemie* の編集権を受け継いだことであった。文献を検索する際この雑誌が1877年より頭の Poggendorf が Wiedemann に代わっていることに気付くであろう。彼が若い頃化学に関心を持っていたことが彼をしてこの仕事に留まらせた。この仕事は自分の性分に合ったものと彼に感じさせた。彼は本来は物理の教授であったのだが。

　ウィーデマンは1852年ラウスの発見した電気浸透の定量的研究を行った。この研究報告[29)]の第1章は序論である。ここで彼は言う「電流の三大作用は熱作用、化学的作用と界面動電現象である」と。そして彼はラウス以来の電気浸透の研究の進歩を注として述べている。そこには1816年以降5人の研究者の名が記されている。

　彼はこうしてこれまでの研究を紹介しつつも、この序論の終わりにこう言う「この電気浸透などの研究は非常に重要であるから、これまで研究はなされているのであるが、私はさらにその本性の解明に成功したいのである」。こうして彼は電気浸透、電気泳動の定量的研究を行ったのである。

2.3.4.3　物理学者キンケの場合

　界面動電現象の分野で次に活躍するのはドイツの物理学者キンケである。キンケ（G. H. Quincke, 1834-1924年）はフランクフルトの生まれ。ケーニッヒスベルグ、ハイデルベルグ、ベルリンの各大学で物理、化学、数学を学び、1858年ベルリン大学で"水銀の毛管電気現象"にて学位を取得。1865年員外教授の資格を得るも国立の研究機関の職がなく、自宅で研究、教育を行った。ここで彼は実験物理学上の多くの領域で重要な成果を挙げた。

　1872年ヴュルツブルグ大学の正教授、1875年キルヒホッフ（G. Kirchhoff）の後継者としてハイデルベルグ大学の教授となりここで定年退職を迎えた。その後も自宅の研究室で熱心に研究を続け、89歳で最後の研究報告を出版した。彼の多くの弟子たちの中に、次の3名のノーベル物理学賞受賞者がいる：マイ

ケルソン（A. Michelson）、ブラウン（F. Braun）、レナード（P. Lenard）。

　キンケは簡潔で役に立つ実験器具、器械を自作して研究に資するという実験物理学の優れた研究者であった。音波、電磁気学など多方面にわたる物理学の165の論文中の約1/3がコロイドに関係のあるものであった。その中に流動電位現象の発見がある[30]。彼はまた電気浸透、電気泳動の研究も行い、これらを統括するヘルムホルツの電気二重層概念を先取りする思考にも達していた[31]。キンケはさらに彼の出発点である毛管現象に関して一連の塩溶液の表面張力の研究から泡の構造についても独自の考えを提出している。

2.3.4.4　19世紀偉大な科学者ヘルムホルツと電気二重層

　上述してきた電気泳動、電気浸透、キンケによる流動電位と1880年に発見された泳動電位（またの名をドルン効果）を合わせて界面動電現象という。これら現象の統括をしている概念がヘルムホルツによって提出された電気二重層である。その紹介に入る前に、この人物の経歴、科学上の業績（界面動電現象に関する内容を除く）を簡潔に見ておこう。

　ヘルムホルツ（H. L. Helmholts, 1821-94年）はドイツの生理学者、物理学者とされているが、物理化学に対しても大きな貢献をしている。彼はドイツの医学校卒業後ベルリン大学の生理学者ミューラー（J. Müller）教授の下で自然科学、生理学を学んで学位を取得し、マグヌス（G. Magnus）教授の下で、彼独自の数学的、物理学的思考で実験的研究を行った。軍医として勤務中、腐敗、発酵、筋肉中での物質消費の研究から、1847年エネルギー保存の法則に到達した。これはロベルト・マイヤー（R. Mayer）の実験的発見に続く普遍的法則であった。

　1849年ケーニッヒ大学の生理学員外教授、1851年同教授。1859年ボン大学の解剖学、生理学教授。1858年ハイデルベルグ大学の生理学教授、1862-63年同大学学長。1871年ベルリン大学のマグヌス教授の後継者となった。

　ここに物理学研究所が建設され、彼の物理学に専心したいという長年の望みが叶えられた。彼はここで才能のあるヘルツ（H. Herz, 1888年はじめて電磁波を検出）を弟子とし、ヘルツはここで学位を取得した（1880年）。

　1888年シーメンス（シーメンス社を興した企業家）からの基金を基に、国立物理工学研究所がシャルロッテンブルグに開設され、ヘルムホルツは初代所長

となり指導にあたった。これは彼の死に至るまで続いた[32]。

彼の生理学的研究は広範にわたるが、彼得意の物理学、数学が利用されているという特色があった。物理学上の研究は彼の後半生のものが多い。この中には化学に関係するものが多々ある。化学熱力学関係で、ヘルムホルツの自由エネルギー、ギブス・ヘルムホルツの式、電池の起電力の研究など。彼には「化学過程熱力学」(1882年)という総合論文もある。

彼の物理学史上の立場について、Neue Deutsche Biographie(新ドイツ人物伝)は次のような興味ある見解を載せている：「彼は古典物理学と現代物理学の境目に居た。換言すると連続的物理学と原子物理学との境目である。後者は彼の中には存在しなかった。彼の死(1894年)後まもなくして、レントゲンが新しい放射線を(1895年)、ベクレルが放射能を(1896年)、ゼーマンがゼーマン効果を(1896年)、J. J. トムソンが陰極線の粒子性(電子のこと、1897年)を発見した(カッコ内の注、年号は筆者挿入)。ヘルムホルツは1881年英国の王立研究所でのファラデー講演で、ファラデーの電気分解の法則と自分の電気化学的研究から出した結論として次のように述べている。"化学的元素に原子を受け入れるならば、これは正と負の要素的粒子に分けるべきで、電子のみを要素的粒子とする原子論の見解は我々には受け入れられない。そして自由な電気(電子のこと)などないのである"と」(21巻p500)。

ヘルムホルツという偉大な科学者でさえ不連続な現代物理学の誕生を否定していたことは時々刻々と変わる科学研究の妙を知る思いがするのである。

ヘルムホルツと界面動電現象との関係の話に入る。彼は電気二重層という概念に関心を持っていた。その関心の中にウィーデマン、キンケの界面動電現象の研究が入った。そして彼はこれらの現象を電気二重層という概念で統一的に説明することに成功した[33]。これは次の式に集約できる：

$$V = \varepsilon E \zeta / 4\pi\eta \qquad (2\text{-}1)$$

Vは毛管壁と電解質溶液または粒子と電解質溶液が相対的に動くときの速度で界面動電現象により実測できるものである。εは溶液の誘電率、Eは両電極

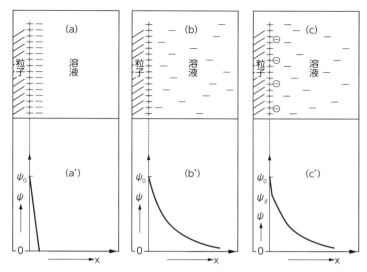

図2-1　電気二重層の概念図（界面電気の符号は正とする）

(a), (a')　固定電気二重層（ヘルムホルツによる）
(b), (b')　拡散電気二重層（グイ、チャップマンによる）、後述する。
(c), (c')　吸着層を持つ拡散電気二重層（シュテルンによる）、後述する。
上の列(a)、(b)、(c)は対イオンの分布、下の列(a')、(b')、(c')は対応する液中の電位(ψ)の減少の様子を示す。
(ψ_0は界面電位、ψ_δはシュテルン電位、xは界面からの距離)
(b), (b'), (c), (c')は第4章で解説するが、比較のため一緒に図示した。
（出典）北原文雄、『化学史研究』、42(2015):196, 図1.

への印加電圧の強さ、η は溶液の粘度である。ζ はヘルムホルツにより提示された電気二重層間の電位差、すなわち固体壁または粒子表面と溶液間の電位差である。正確に言うとこれらの現象では壁と溶液が相対的なずり運動をしているので、壁そのものではなくずり面と溶液間の電位差になる。この量は界面動電位あるいはゼータ電位（ζ 電位）と呼ばれ、界面動電現象のVの測定から上記の式を用いて計算される。なおヘルムホルツが考えた二重層では溶液側の対イオン（固体壁が持つ電荷と反対符号のイオン）はコンデンサーのように壁と並列していると考えた。これを固定電気二重層という（図2-1a）。a'は電気二重層内

の電位の変化を示す。

固体壁または粒子表面と溶液間に電気二重層を考えたということは化学者らが暗々裏に溶液中の粒子表面に電荷が存在すると考えていたことに対応する。また界面の電荷量もゼータ電位から求められる。

> 注 繰り返すが、ζ電位はずり面と溶液間の電位であって表面そのものと溶液間の値(ψ_0)とは差があり、近似的にこの二つは等しいとしているのである。このことは後にフロイントリッヒによって明示された（3.4.5の(4)参照）。

ヘルムホルツの電気二重層の理論は数多い彼の生理学、物理学の研究の陰に隠れてしまっているが、コロイド化学にとっては重要な概念である。

2.3.5 シュルツェ・ハーディの法則

筆を転じて19世紀の最後を飾るコロイド研究の一大成果－シュルツェ・ハーディの法則に入る。コロイド研究のはじめよりかかわってきたゾルに対する電解質の効果である。シュルツェの成果については既述した（2.3.1.2）。これを実験的に拡げ近代化したのがハーディであった。この人物は多彩な科学者であった。まず彼の経歴からはじめる。

2.3.5.1 ハーディの経歴

ハーディ（Sir William Bate Hardy, 1864-1934年）は英国の生物学者、食品科学者とされているが界面化学者、コロイド化学者でもあった。少年時代漁夫と交わり、海の生活に親しんだ。このことは彼の後半世に影響を与えた。ケンブリッジ大学に学び、1898-1929年同大学の生理学教室で解剖学の講師を務めた。彼は顕微鏡下に現れる種々相を観てコロイド系に関心を持ちはじめた。また単分子膜についても研究した。

1915年第1次世界大戦中英国は食糧不足に陥った。このとき彼は王立協会に食料委員会を組織し政府に勧告するという重要な仕事をした。彼は食糧の実際についてはほとんど知らなかっ

Sir William Bate Hardy
（ハーディ，WB）
（出典）English Wikipedia
ファイル名：William Bate Hardy.jpg
作者：Published in the Obituary notices of fellows of the Royal Society, 1932-35

たが、科学技術研究所を創り、食糧調査委員会を発足させ最初の委員長となり（1917-28年）食糧調査の指導者となった。ケンブリッジに低温研究機関を作って指揮監督者となり、さらに漁業局関係の委員会の長として漁業の強化発展に尽くした。彼には実際問題の解決には適切な基礎科学の知識に基づかねばならないという確信があった。彼に1925年Sirの称号が贈られた。

彼は新領域に対する冒険家であった。新しい発見を喜び、創意に富み、エネルギッシュであった。彼はこの時代の優れたヨットマンの一人でもあった。彼の最初のヨットには海洋生物学の実験器具が備えられた浮かぶ研究室であった（本項は *Oxford Dictionary of National Biography* による）。

2.3.5.2　ハーディの業績

ハーディのコロイド関係の研究業績に移る。シュルツェが1882年硫化ヒ素ゾルに対して塩の原子価効果を発表して以来、この効果が注目され多くのゾルについて報告がなされてきた。その中でハーディは硫化カドミウムについてのブロスト（Brost）の研究、硫化アンチモンについてのピクトン・リンダーの研究を挙げている。

ハーディのゾルの安定性についての重要な研究発表は1900年、英国の *Proceedings of Royal Society*[34a] と米国の *Journal of Physical Chemistry*[34b] の両誌上で行われたがその内容は全く同じである。以下引用のページは前者による。彼はこの論文中でゾルとして金、水酸化鉄、シリカなどの疎水ゾルとマスチックガム、加熱卵白などの親水ゾルを区別しないでヒドロゾルとして扱っている。そして凝集について等電点の重要性をまず挙げている。粒子電荷の重要性を強調したかったのだと思われる。

彼は凝集（凝析）を無機塩、酸、アルカリの添加について実験した。そしてシュルツェが行ったように、最低凝析濃度の逆数を取り、これを添加物の凝析力（K）とした。塩の場合に彼はシュルツェの成果を次のように拡大、近代化した。シュルツェが硫化物ゾルの凝析力を支配するのは塩の金属部分の原子価としたのに対して、ハーディは種々のゾル（疎水コロイド）に対して、ゾル粒子の電荷と反対符号のイオン（添加した塩の電離によるイオン）の原子価とした。こうしてシュルツェが発見した法則は広く一般のゾル、塩に適用されるに至った。ここでは19世

紀末にアレニウスによって提出された電離説の容認－添加塩の電離－と前項で論じた粒子の帯電－ゾル粒子の表面電荷の存在－という事実が根底に存在しているのである。こうしてコロイド研究の金字塔－シュルツェ・ハーディの法則－が実験的に打ち立てられた。

　ハーディは塩のみでなく、酸、アルカリ添加の凝析(凝集)に及ぼす効果も詳しく研究した。この場合は対イオン(粒子電荷と反対符号のイオン)としての効果とH^+またはOH^-の化学的作用との重なりを考えるべきで、むしろ後者の方が優先することを知った。この化学的作用とは水素イオンまたは水酸化イオンの吸着による粒子の電荷符号の変化、界面電位への影響などを指している。また彼は界面の電位差(ζ電位)が凝集力に影響すること、すなわちゾルの安定性に大きく影響することと推論している。しかしこの実験的根拠は示していない。この推論の影響は大きく、後続の研究者たちがこれを確かめるべくゼータ電位の測定が数多く行われ、ゾルの安定性との関連が研究の対象になっていった。このことはデルヤーギン・ランダウ・フェルウェイ・オーバービーク(DLVO)理論の確立と関連して後述する。

　もう一つハーディの推論の未熟さについて述べておく。彼は塩の効果についてこう推論している：「対イオンの作用はおそらく粒子の表面に作用して、表面の電荷による安定性を変えるのであろう」と。この推論は後述するゾルの不安定化は粒子表面に対イオンが吸着して電荷を中和するからであるという素朴な吸着説の遠因になっていると考えられる。

　彼が導いた対イオンの効果の数式化はわかりにくくその後使われていない。この法則発表直後に実験的にフロイントリッヒにより求められた次式が塩効果を表すのに使われる：

$$f = KZ^{-n} \qquad (2\text{-}2)$$

　ここでfは最低凝析濃度(凝析価)、Kは定数、Zは対イオンの原子価、nは正の整数である。当時のフロイントリッヒらの電解質(塩)によるゾルの凝析の実験結果を表2-1に抄録する。

　最後にハーディについて一言：彼は生物学者でもあったので、親水コロイド(主

表2-1　凝析価の値（mmol/L）

As$_2$S$_3$($-$)*		Al$_2$O$_3$(+)**	
電解質	凝析価	電解質	凝析価
LiCl	58	NaCl	43.5
NaCl	51.5	KCl	46
KCl	49.5	KNO$_3$	60
MgCl$_2$	0.72	K$_2$SO$_4$	0.30
CaCl$_2$	0.65	K$_2$Cr$_2$O$_7$	0.63
BaCl$_2$	0.69		
AlCl$_3$	0.093	K$_3$Fe(CN)$_6$	0.080
Ce(NO$_3$)$_3$	0.080		
		K$_4$Fe(CN)$_6$	(0.053)

($-$)、(+)はコロイド粒子の電荷の正負を示す。
* H. Freundlich, *Z. phys. Chem.*, 44(1903):129, 73(1910):385.
** S. Ishizaka+, *Z.phys. Chem.*, 83(1913):97.
(第4章文献18のTABLE Ⅱより抄録)
+石坂伸吉は金沢医学専門学校(現金沢大学医学部)の生理学の講師の折、ドイツに留学(1910-14年)、フロイントリッヒの研究室でゾルの凝析の研究をした。(立花太郎ら,『化学史研究』, 29(2002):237より)

に生体コロイド)に関する研究を生物学、生理学の雑誌にも発表し、また界面化学者でもあった彼は、単分子膜中の分子の配向と摩擦との関係も調べている。

2.4　19世紀後半コロイド研究の特質と補遺

　19世紀中葉からはじまったコロイド研究は1903年の限外顕微鏡の発明をもって一つの区切りを迎えた。この期間を回顧して若干の特質を述べつつ補遺を記したい。

　この期間にコロイド研究を行い、成果を挙げてきた研究者たちはジグモンディや後述するブレディッヒ(G. Bredig)を除いてコロイド化学者といえる専門家ではなかった。いずれも化学あるいは化学以外の他分野についても活躍した人たちであった。換言すると19世紀には"コロイド化学"という分野はまだ成立していなかったといえる。19世紀後半のコロイド研究について次の4項を補筆する。

(1) ブレディッヒの研究

　この世紀には多くの無機物質のコロイドが作られた。"無機物質のコロイド"とはっきり意識したのはシュルツェであった(1882年)。無機物質のコロイド調製で目立つのは Wil オストヴァルトの弟子であったブレディッヒである。彼は液中の二本の金属棒間でアーク放電をさせてその金属のコロイドを作った(1898年)。この方法はブレディッヒ法といわれている。彼はこうして作った白金ゾルが過酸化水素分解の触媒作用をする際、種々の物質が毒作用をするという事実を定量的に研究した。彼はこの白金ゾルを無機酵素と呼んだ。当時留学中の池田菊苗(1864-1936年)はこの研究の共著者であった[35]。無機コロイドの製法は1909年スヴェドベリにより成書にまとめられた[36]。

(2) 有機コロイドについて

　グレアムによりコロイドの例として挙げられた有機物質のコロイドは、アルブミン、ゼラチン、カゼイン、デンプンなど天然の生体コロイドが主体であった。この仲間のコロイド的研究は19世紀の後半盛んになるが、化学者からは敬遠された生理学、農芸化学の分野に移行し、発表の場も主として生理学の専門誌であった。

　有機コロイドへの塩効果は離液順列(ホッフマイスター系列)としてまとめられ(1888年)[37]、その機構も無機コロイドとは異なることが推定された。本書では有機コロイドあるいは親液コロイドについての叙述は特別の場合以外は除くことにする。

(3) ハーディの見解

　ハーディはオランダの化学者ベンメルン(J. M. van Bemmeln(1830-1911年), 吸着の研究者で吸着等温線をはじめて創った)の業績論文集に対する論評[38]の中で19世紀のコロイド研究に言及して次のように記している(1911年)。一つの興味ある論評としてここに紹介する:「1895年にはコロイド状態を研究している人の数は2桁にも達せず、また同時代の教科書においてもコロイドの問題は2ないし3節で、短く簡単に取り扱われているに過ぎない。もし透析現象との関連がなかったらコロイドという問題は全く取り上げられずに終わってしまったであろう。科学の一般的情勢はグレアムやその他の人が半世紀前に残していったもの以外には進歩がなかった。ベンメルン教授の仕事以外の当時の論文といえば塩の沈殿力あるいは有

機性ゼリーによる水の吸収に関するばらばらの2、3の論文があるだけである。以下略」。

(4) Wil オストヴァルトとコロイド

19世紀後半"物理化学"創設の主導者であった Wil オストヴァルトは当時勃興しはじめたコロイド研究をどうみていたか？彼はコロイド研究をその著書[39]の中で取り上げ、コロイドは真の溶液とは異なるものであり、研究に値する系であることを強調した。そして物理化学の専門誌 *Zeitschrift für physikalishe Chemie* でコロイド研究の論文をしばしば取り上げた。

彼の門下からはドイツのブレディッヒ、フロイントリッヒ、英国のドナン、米国のバンクロフトなど20世紀に活躍するコロイド化学者が輩出している。

> 注　これまでのジグモンディの業績も入れて、19世紀中期から末期までのコロイド研究については次の論文に多くを負っている：北原文雄、「グレアムのコロイドとその系譜」、『化学史研究』、39(2012):119-132。

2.5　19世紀の界面化学概況（20世紀初期を含む）

19世紀には界面動電現象を除き界面化学とコロイド化学の関連はほとんどなかった。当時の界面化学の対象を、表面張力、吸着、単分子膜と分類した上で、20世紀に入ってからのコロイド化学との関係を考慮に入れると、前2者が対象になる。これらについて簡潔に述べてみたい。

2.5.1　表面張力について

表面張力は表面（または界面）現象にかかわる重要な物性である。たとえば曲面の場合その表裏の圧力差を表すラプラスの式（ヤング・ラプラスの式ともいう。発見年不詳）や、物質の表面が曲面を作るときの蒸気圧変化を表すケルビンの式（またはトムソンの式、1871年）などに表面張力が入ってくる。ここでは今後の本書の叙述にかかわるもののうち二つの問題を取り上げる。一つは「表面張力は単位表面積あたりのギブス自由エネルギーである」という熱力学的命題の解釈である。これはコロイド化学で系の安定性を論じるときなど使う重要な命題である。マクスウェル(J. C. Maxwell)がこの命題を簡潔に解釈していることを指摘しておく[40]。

二つ目は米国の理論物理学者ギブス(J. W. Gibbs)が熱力学的に吸着と表面張

力を結ぶ吸着式(ギブスの吸着式という)を導いたという成果である[41]。この式はすべての表面(界面)に使用できるわけであるが、固体の表面張力が測定しにくいため、気体—液体、液体—液体界面で使われる。

2.5.2 吸着(溶質 — 固体間について)

溶液から溶質が固体表面に吸着される現象は古くから知られていた。この分野の近代的研究を行った人として注目されるのはオランダのベンメルン(2.4の(3)参照)であった。本項では彼の業績を中心に記す[42]。

彼は無機化学者であった(1873年よりライデン大学の無機化学の教授)。若い頃から彼はオランダの国家的埋立事業から要請を受けて、土壌の研究を基礎から実際にわたって行った。彼の土壌からの吸着(彼は吸収という)作用の研究は1877年二つの長い論文として発表された。

1881年彼はモデル実験として、コロイド状スズ酸による硫酸水溶液から硫酸の吸収の研究を行った[43]。その結果を整理するのに今様の吸着等温線をつくった。これが吸着等温線の嚆矢である。

1910年ベンメルンのコロイドおよび吸収に関する論文集がWo オストヴァルトの編集で発刊された[44]。この序文でオストヴァルトはベンメルンを溶液からの吸着理論の創設者と言っている。2.4(3)で記したハーディの見解は本書に対する論評からの引用である。

吸着についてもう一言。吸着等温線を数式化した吸着等温式(英語では両者区別せずadsorption isothermである)として最初に提出されたのはフロイントリッヒの吸着式と言われる次式であろう:

$$a = kC^{1/n} \qquad (2\text{-}3)$$

ここでaは吸着量、Cは溶質濃度、kは定数、nは正の整数である。この式はフロイントリッヒの提案によるものではなく、彼以前に存在していたものであった。彼の著名な書 *Kapillarchemie*(初版1909年)に取り上げられたためこの名がついたと言われている。この式は実験式であるが、データ整理に便利で今でも使われている。吸着式は実験式、理論式併せて1970年頃までにおよそ100位発表されている[45]。

第3章 コロイド化学の成立とその発展
－20世紀初期から1930年頃まで－

3.1 時代背景特にドイツを巡る情勢

　19世紀後半から20世紀にかけて国際情勢は大きく変動した。西欧、ロシア、米国による帝国主義国の勢力圏の拡大と分配をめぐる争いが激しくなり、互いにブロックを作って対抗し、第1次世界大戦をぼっ発させた。戦争自体は1914年9月から1918年11月までであったが、この戦争に敗北したドイツは多額の賠償金の負担で、政治的経済的に苦境に陥った。これは1920年代後半から1930年代前半にかけてのドイツ国内でのナチスの勃興とその勢いの増大を招き、次の第2次世界大戦(1939-45年)の種を撒くことになった。そして20世紀は戦争の世紀と言われるに至った。ロシアでは第1次世界大戦以前よりの政治の弱体化・混乱により民衆が蜂起した。1917年、社会革命によりソヴィエト政権が樹立された。これは国際的に大きな社会的影響を与えることになっていく。

　この間産業社会も変動してゆく。植民地の安価な資源と、西欧の石炭、米国の石油など豊富なエネルギーとは工業技術の著しい進歩を実現させた。それはまた基礎科学の発展を誘発し、工業技術の進歩にフィードバックした。その一つの現れはノーベル賞の制定である[1]。

　ここで文化特に自然科学の中心であった西欧に目を転じる。その中のドイツは19世紀中頃英国、フランスに比べて植民地獲得競争において遅れを取って

いた。プロイセンの宰相ビスマルクはその傑出した政治力を発揮してカイザー（皇帝）の下に、1870年代はじめドイツ帝国を樹立させた。その勢いはドイツの工業、自然科学を向上させることになった。

ドイツでは自然科学の中で化学の発展は著しく、有機化学の興隆はドイツの化学工業を発展させた。また物理化学という新分野も起こり、オランダのファント・ホッフ、スウェーデンのアレニウスの協力下、Wil オストヴァルトにより新雑誌 Zeitschrift für Phsikalische Chemie が1887年発刊されるに至った。ハーバーによる物理化学的考察に基づくアンモニア合成、ボッシュによるその工業化はこの流れの中にあった。

Wil オストヴァルトのコロイド研究への支援の下、彼の弟子たちによりドイツで、さらに英国へ、また新大陸へとコロイド化学は拡がっていった。

3.2　コロイド化学の成立

19世紀には"コロイドの研究"は存在していたが、"コロイド化学"はまだなかったといえる。この分野が生まれたのは20世紀に入ってからである。その現れの一つはコロイドの専門学術誌が1906年ドイツで創刊されたことである。その誌名は Zeitschrift für Chemie und Industrie der Kolloide : Kolloid Zeitschrift であったが、1913年後半（13巻）から主題と副題が入れ替わり、一般に Kolloid Zeitschrift と呼ばれるようになった[2]。二つ目はコロイドという専門分野の図書が発刊されはじめたことである。1909年ドイツのコロイド化学者フロイントリッヒによる Kapillarchemie と、同年スウェーデンのコロイド化学者スヴェドベリによる Die Methoden zur Herstellung Kolloider Lösungen Anorganischer Stoffe の2書の刊行である。三つ目はコロイドを専門とする研究者の輩出である。本書で取り上げる優れたコロイド研究者の名を生年順に表3-1に挙げる。

バンクロフト、ドナンを除き、いずれも20歳以下で20世紀を迎えている当世紀初頭の若きコロイド化学者たちである。以下にはまず、これらの人たちについて人名を項目に挙げて経歴を述べる。そのあと関連する業績を中心に記していく。

表3-1 若きコロイド化学者群像

名前	出生国	生没年
バンクロフト	米国	1867-1953
ドナン	英国	1870-1956
ワイマルン	ロシア	1879-1935
フロイントリッヒ	ドイツ	1880-1941
マックベイン	カナダ	1882-1953
Wo オストヴァルト	ドイツ	1883-1943
スヴェドベリ	スウェーデン	1884-1971

3.3　20世紀前半の若きコロイド化学者群像

3.3.1　バンクロフト（W. D. Bancroft, 1867-1953年）

　バンクロフトは上記7名のうち少し離れて年長であるが、活動が20世紀に入るのでこの仲間に入れた。彼は物理化学者、コロイド化学者で、米国のコロイド学界にとって良し悪しは別として欠くことのできない人物であった。彼は1867年米国のロードアイランドで弁護士の子息として生まれた。1888年ハーバード大学卒業後1年間化学の助手を務めたのち、4年間ヨーロッパに留学、当時の物理化学の2巨星 Wil オストヴァルトとファント・ホッフの下で学んだ。

Wilder Dwight Bancroft
（バンクロフト，WD）

　1892年ライプチヒ大学で学位を取得し、熱烈な物理化学の信奉者となり、当時のアメリカ大陸では数少ない専門的知識を携えてハーバード大学に戻った。

　母校で2年間助手、講師を務め、コーネル大学の助教授となった。彼はこの大学を物理化学の指導的センターにすべく野心的な計画作成に取り組んだ。さらに若い同僚トレバー（J. E. Trevor）と共に最初の英文物理化学専門誌 *Journal of Physical Chemistry* を創刊した。またカーネギー財団からの資金により、時には自費も投じて大学院生、ポストドクのために研究費助成の制度

を作り、運営した。

　彼の教壇での演出、意表を突くユーモアは学生を惹きつけた。広範な化学的知見、明晰な独創的思考が数学的明敏さや実験的鍛練に勝るとする彼の主張に大学院生は反応した。彼の精力的な仕事は米国内外の認めるところとなり、1903年教授に昇進した。1910年米国化学会会長、1905年、1919年米国電気化学会会長を務めた。彼の物理化学論文に対する辛辣な批判、因習打破的レビューは広く知られるに至った。彼は1920年代の巨大分子論争には会合体分子説に与していた。

　1930年代のはじめ頃、バンクロフトはコロイド化学者として医学分野に進出し、精神分裂症、アレルギーなどの原因を神経細胞内の原形質コロイドの凝固にあるとして、チオシアン酸ナトリウムによる治療を提案した。しかしこれは不十分な実験に基づいているため、医学界から誤りであると認められ強い非難を浴びた。主にこのことが関係して彼は名声を失い、主宰していた雑誌を手放す原因にもなった。彼の提案は当時落ち目になってきていた米国でのコロイド化学の評価を回復しようとする意図からであったが、これはかえって裏目に出てしまった。この辺の事情についてはイード（A. Ede）の化学史書[3]に詳しい。

　1937年彼はコーネル大学の教育から引退した。1938年同大学構内で自動車事故により大きな障害を受け、これは生涯回復しなかった。さかのぼって1932年仲間の研究者からの圧力で彼の手掛けた物理化学雑誌から手を引き、これは米国化学会に移管された。彼は1953年ニューヨーク州イサカにて死去した。

　彼の化学的判断は時には誤っていたが彼は優れた教師であり、多数の学生から慕われていた。また慣習的な意見には賢明な批判者でもあった。そして化学の基礎と応用の有能な仲介者であった。

3.3.2　ドナン（F. G. Donnan, 1870-1956年）

　英国の物理化学者。1870年スリランカのコロンボで生まれた。9歳で左目を失う。北アイルランド・ベルファーストで教育を受けた。当地のロイヤルアカデミーからクイーンズカレッジに進学、ここで勉学に著しい進歩を見せた。アイルランドの王立大学に進んで、ここで学士号を得た（1894年）。その前年奨学金を得、卒業前（1893年）ドイツのライプチヒ大学に留学した。ここでWil

オストヴァルトの門に入り、物理化学の原理の究明に没頭し、ここで博士号を取得した(1896年)。さらにファント・ホッフの研究室に1年間学んだ。

1897年彼はベルファーストに戻り、大学で修士号を取得した。さらに奨学金を得て自宅で1年間物理化学の論文を深く読み込んだ。1898年ユニバシティ・カレッジ・ロンドン(UCL)のラムゼー(W. Ramsay)の研究室のシニア研究生、1902-3年助教授となった。1903年アイルランド王立サイエンス・カレッジの有機化学の講師、1904年リバプール大学に新設の物理化学講座を担当、1909-13年物理化学Muspratt研究室の

Frederick George Donnan
(ドナン, FG)
(出典) *Proc. Chem. Soc.,* (1957), p353

長を務めた。1911年王立協会メンバーとなった。1913年UCLのラムゼーの後継者となり、1937年定年までここで働いた。彼は英国化学会の重鎮であり英国化学会長も務めた。1928年デイヴィ賞を受賞した。

ドナンは国際的にはコロイド化学者としても著名であり、特に大きな研究業績としては"ドナンの膜平衡の理論"(1911年)がある。なお彼の研究業績については3.4.4で述べる。

彼は老年になってからも関心の範囲は広く、欧州連合(今のEUに相当)の必要性を正しく評価したり、宇宙の問題に没頭したりした。彼は生涯独身で、二人の姉妹が彼を支えた。彼は引退後、ロンドンの住居に留まっていたが、1940年彼が他所へ移った12時間後元の住居はドイツの爆撃を受けた。1956年没。

3.3.3　ワイマルン(ヴェイマルン, P. P. von Weimarn, 1879-1935年)

ワイマルンはロシアのコロイド化学者で、1879年ロシア・サンクトペテルブルグ郊外の裕福な将軍家に生まれた。先祖は元リュウベック出身のドイツ人であった。彼はアレキサンドル陸軍幼年学校を卒業した。士官学校に進学して軍人になるようにとの父の意向に反して、エカテリーナ2世鉱山高等専門学校に進んだ。このため父の勘気に触れて両者はしばらく不和であった[4]。

この学校を卒業後直ちに母校の物理化学講座の定員外助手となり、1908年学位を取得して助教授となり、1911年員外教授、同年サンクトペテルブルク大学の私教授、1915年に母校鉱山専門学校の正教授となった。同年ウラル鉱山高等専門学校の建設委員長兼校長代理となり、エカチェリンブルグに移った。

1917年2月二月革命が起こり帝政は崩壊したが、革命により成立した臨時政府の下で同校は開校しワイマルンは正式に校長となった。しかしエカチェリンブルグは以降の革命の進行とともに争奪の場となった。政情の揺れは結果として1919年7月最終的にソヴィエト政権が町を征服し収まった。

P. P. von Weimarn
（ワイマルン，PP）

この混沌とした状況の最中をワイマルンらは持ちこたえたが、最終占領の直前に、彼は4人の教授、17名の学生と共に町を脱出し、シベリアを横断して東端ウラジオストクに逃げ延びた。

1920年7月同地の工業学校と疎開したウラル鉱山高等専門学校が合併し、ウラジオストク国立工業高等学校が創られワイマルンが校長となった。当時同市は諸外国の革命に干渉する軍隊の拠点になっていた。特に日本は1918年4月同市に陸戦隊を上陸させ、1922年まで日本軍がここを単独占拠していた。

ワイマルンは同市で一応安定した生活を取り戻し、研究を再開したが将来への不安は去らなかった。彼はコロイド研究の盟友Woオストヴァルトを介し、父オストヴァルトの弟子、東京帝国大学化学教室の池田菊苗とコンタクトをとることができた。ワイマルンは池田に自身の苦境を述べ亡命の可能性を打診した。池田は「君もし日本へ来るならば我々一同歓迎するであろう」と返答した。ワイマルンは亡命を決意し、1921年1月妻、秘書と共に敦賀に上陸した。こうして死に至るまでの日本での生活がはじまった。

彼はしばらく東京に滞在し、4月には日本化学会年会の総会に来賓として招待された。このことは彼に強い思い出として残り、後に弟子たちにその感激の

上：神戸外国人墓地の中のロシア人の墓地群
右：その中にある一際大きいワイマルンの墓。傍らに立つは著者。

念をしばしば語ったという。また東京大学化学教室で、さらに東北大学総長小川正孝(国際的にも著名な化学者)の招待で、それぞれ集中講義を行った。

　同年9月京都大学物理化学教授大幸勇吉(Wil オストヴァルトの弟子)に招かれて集中講義を行うとともに、同大学の講師となり大幸研究室で研究指導を分担した。大幸はワイマルンの死に至るまで親身になって彼の世話をした。1922年には大阪工業試験所(大工試)初代所長庄司市太郎に彼を紹介し、ワイマルンは同所嘱託となり、1925年には専任に任ぜられた。庄司は彼のために所内に立派な研究室を作り、当時東洋一といわれるコロイド研究の機材をそろえた。京都大学、大工試で彼が指導した日本人研究者は多数にのぼる。

　その中の二人の弟子が記したワイマルンの追憶がある：岩瀬栄一,「ワイマルン先生を憶ふ」,『科学』,5(1935)351-353; 重名潔,「P.P. von Weimarnの追憶」,『表面』, 15(1977)636-647。なお重名は大工試でワイマルンから最も長い期間(8年)指導を受けた。

　彼はロシアでの苦難の生活の故か病気がちであった。そのため1931年大工試を辞し神戸夙川の自宅で静養に努めた。一時回復したが1935年入院先の上海白系ロシア人病院で死去した。神戸市外国人墓地に妻と並んで葬られている。

　ワイマルンの経歴・業績全般は文献[5]に記されている。その中でロシアにお

ける業績については特に3.4.1に記した。日本におけるものについては文献[14]を参照されたい。

3.3.4　フロイントリッヒ（H. Freundlich, 1880-1941年）

フロイントリッヒはドイツのコロイド化学者、1880年ベルリンで生まれた。1898年から1年間ベルリン大学にて科学入門を学び化学を専攻と決め、バイヤー（A. K. Bayer）らに学ぶ。新興の物理化学という分野とWil オストヴァルトの名声に惹かれライプチヒ大学に移り、ここで物理化学の訓練を受けた。1903年「電解質によるコロイド溶液の沈殿」で学位を取得した。

彼は子供の頃から生物、特に昆虫に興味を抱き、コロイドの研究に向かったのは生物にかかわるのに最適であると思ったからであった。因みに彼の晩年（1938-39年）、ミネソタ大学でコロイドと生物に関連した二つの論文を書いている。

1903-11年彼はライプチヒ大学物理化学研究所で分析化学と物理化学の助手を務めた。その間「溶液中の吸着」で大学教員資格を得た。彼はこの頃好きな音楽を専門とすることを諦めたが、終生音楽に親しみベートーベンのソナタを弾くこともあった。

Herbert Freundlich
（フロインドリッヒ，H）
（出典）玉蟲博士受賞記念論集、玉蟲文一先生御受賞記念会刊（昭和51年）

1911年ブラウンシュヴェーグ工業大学に物理化学、無機化学の准教授として招聘された。1911-16年ここで共同研究者と一連のコロイド化学に関する重要な成果を発表した。1914-16年第1次世界大戦のためこれらの研究は中断されたが、彼は体が弱いため、一般の軍務から外れ、活性炭による毒ガスの防御の仕事をすることになった。これが契機となってハーバー（F. Haber）との交流がはじまり、フロイントリッヒはベルリン・ダーレムのカイザー・ウィルヘルム研究所の物理化学部門に招かれた。1919年大学を辞し、ハーバーの研究所のコロイド・応用物理化学部門の長となり、研究所の副所長

を兼ねた。

　こうして彼には物理化学の有名な研究センターで働く道が開かれ、共同研究者と共にコロイド光学を開拓し、レオロジー、界面動電現象などにも成果を挙げた。1919-33年の間はフロイントリッヒの研究室はコロイド化学研究のメッカの一つであった。1923年ベルリン大学の名誉教授に推挙された。

　1925年米国ミネソタでのNational Colloid Symposium（米国コロイドシンポジウム）に招待講演者として招かれ、同時にミネソタ大学からも招待され夏学期の講義をした。この折米国の同学の友、学生らは彼の控えめで魅力ある性格に魅了された。

　しかしこの成功裏に終わった旅の後に暗い悲劇が待っていた。1933年ナチスがドイツで権力を掌握し純粋なドイツ人以外の人々の追放がはじまった。ハーバーはウィリアム・ポープ卿に招かれてケンブリッジ大学へ、フロイントリッヒはドナンの招きでUCLへ名誉研究員として招かれ、1年間の研究費も与えられた。主な共同研究者セルナー（Söllner）の随伴も許された。彼はグレアムが働いた同じ大学で研究できるようになったのであった。

　彼はこの後UCLでの継続的な地位の取得はうまくゆかなかったが、1937年再び米国コロイドシンポジウムのゲストに、またミネソタ大学での特別教授に招かれた。大学では物理化学のみならず、生理化学、生化学についても大学院生の指導にあたり、1941年この地で没した。

　彼は研究教育の優れた指導者であっただけではなく、人柄も立派な人物であった。ドイツの研究所では"やさしい羊"と、ミネソタ大学では"ヘルバートおじさん"と呼ばれて皆に親しまれた。（ドナンによる追悼記事：D. C. Donnan, "Obituary Notice", *J. Chem. Soc.*, (1942):645-654 より抄録）

3.3.5　マックベイン（J. W. McBain, 1882-1953年）

　マックベインは1882年カナダ・ニューブランスヴィック生まれ。英国、米国で活動したコロイド化学者。1903年トロント大学にて学士と修士の学位を取得した。

　彼は当時の化学の新分野、物理化学に強く惹かれてドイツに留学した。1904-05年の冬学期、ライプチヒ大学のWil オストヴァルトの研究室に学んだ。当時この研究室には若手のスタッフ、フロイントリッヒがいた。次の3学期（1

年半）、オストヴァルトの助手をしていてハイデルベルグ大学に移ったブレディッヒの下で物理化学の学位を取得した。このときの別科目は数学と物理学であった[6]。彼はドイツ留学中絵画と音楽にも親しみ、イタリアへ画廊巡りの旅をした。またフルート演奏の名手となった。

James William McBain
（マックベイン，JW）
（出典）J. Colloid Sci., 8(1953):375.

　彼の独立した研究者としての出発点は1906年英国ブリストル大学の講師としてであった。1919年同大学の寄附講座Leverhalme教授職についた。彼はここで若手の研究者を指導し、同大学の化学教室が世界有数のコロイド化学の発信地となる基礎を作った。彼は研究・教育以外スポーツでも活躍した。1925年王立協会メンバーに選ばれた。

　マックベインは19世紀から20世紀初頭にかけての物理化学の勃興期に際会し当時問題になっていた石鹸水溶液の物理化学的研究に従事し、画期的なアイデア（イオン化ミセル）でこの方面の研究を主導した。この業績については後に3.4.6で述べる。彼は1928年米国スタンフォード大学に化学の教授として招聘された。1947年同大学を定年退職し名誉教授となった。

　彼は1949-52年、第2次世界大戦終焉後独立したインドのネール首相から個人的に招請を受けた。そしてインド・プーナの国立化学研究所（NCL）の建設の中心となり、続いて初代所長となって、新しい独立国インドの化学の将来のため働いた。特にNCLをサービス的機関にしようとする動きに反対し、基礎的研究を中心にするよう実行に移していった。1952年一時帰国した折、心臓発作を起こし、1953年3月米国スタンフォードで死去した。その折、机上には多くのオリジナル論文の原稿がそのまま置かれており、出版準備中の2冊の書籍原稿も残されていた。（北原文雄，「ミセルの化学史－ミセル概念の起源からその確立まで」，『化学史研究』，36(2009):121-147参照。）

3.3.6　オストヴァルト（Wolfgang Ostwald, 1883-1943年）

　オストヴァルトはドイツのコロイド化学者。物理化学の先導者の一人ウィル

ヘルム・オストヴァルト (Wilhelm Ostwald) の長男。

Wo オストヴァルトは1883年ラトヴィアのリガで生まれ、父の転任により1887年家族と共にライプチヒに移住した。1901年ライプチヒ大学の自然科学系に進み、特に生物学を学んだ。これは彼がギムナジウムでこの方面の研究をしていたためであろう。1904年「ミジンコの季節による多形変化」で学位を取得した。それまでに彼は14編の動物学関係の論文を発表している。

Wolfgang Ostwald
(オストワルド, Wo)
(出典) *Kolloid-Z*, 115 (1949):3.

彼は1904-06年カルフォルニア大学バークレー校のレオブ (J. Loeb, 1859-1924年、Wil オストヴァルトの弟子) の研究助手を務めた。ライプチヒにもどって、彼は動物学研究室の見習い助手となったが、この頃から彼はコロイド化学へと大きく方向転換するのである。この理由については文献[7]に譲る。

1907年、その前年に発刊された *Zeitschrift für Chemie und Industrie der Kolloide* (後の *Kolloid-Zeitschrift*) を主宰することになった。また1909年には彼により創刊された *Kolloidchemische Beihefte* の編集も兼ねることになった。

同年彼は早くも注目に値する論文[8]を発表した。それはコロイドとは何か、コロイド系は如何に分類されるか、を論じたものであった。これについては後の項 (3.4.1) で詳述する。1913-14年彼は招かれて、コロイド研究では西欧の後を追っていた米国、カナダへの大講演旅行をした。そして56回の講演を行ったところで、第1次世界大戦勃発のため予定を中断帰国した。この講演は北米のコロイド化学発展への大きな刺激となった。この講演内容は1915年ドイツで、"*Die Welt der vernachlässigten Dimensinonen*" (見過ごされた次元の世界) として刊行され、当時優れたコロイド化学入門書として広く読まれ、また表題の魅力性でも注目を浴びた[9]。本書は1917年オストヴァルトの親密な協力者フィッシャー (M. Fischer) により講義用に配列されて訳書:"*An Introduction to*

Theoretical and Applied Colloid Chemistry - The World of Neglected Dimensions"となり、オストヴァルトとの共著で刊行された。

> 注 因みに原著初版の刊行は戦争のため予定の1914年より1年遅れた。追加された序文の中に次の興味ある記述がある：「(前略)(戦争に対して)私は母国の正義と勝利を信じるが、同様に諸国民の科学による協同は戦争によって破壊されるものではない。この協同こそ戦争から人類を守るものであると私は信じている(後略)」。(時は第1次大戦中であった。)

コロイド化学界における彼の名声はドイツ内外へと拡がっていったが、ライプチヒ大学における彼の昇進は遅々としていた。1908年同大学の一般動物学の教授資格を取り、1913年「生物学へのコロイド化学の応用」への教授資格は拡げられた。1919年ようやく物理化学研究所の助手職につき、1921年一般助手となった。(この間1914-16年彼は軍務についた。)1922年大学の研究所にコロイド部門が設けられ、1年後彼はコロイド部門の正規の助教授となった。これはドイツにおけるコロイド化学の最初のポストであった。彼が正教授になったのは1935年のことである。この遅い昇進はコロイド研究の重要性が学内で十分には認識されていなかったことと彼の経歴とによるのであろう。一方彼は1922年ドイツコロイド学会を組織し、その会長になった。

オストヴァルトの研究室には1923年頃から彼の死に至るまで多くの日本人留学生が学んでいる。津田栄、西沢勇志智、金丸競、山口文之助、桜田一郎(2～3ヵ月)など名前のわかっているだけでも15名を数える[10]。オストヴァルトの最後の弟子であった武井宗男は早稲田大学から留学、戦後帰国してまもなく夭折した[11]。

オストヴァルトは後記するようにコロイドそのものの研究も精力的に行っているが、彼の大きな功績はコロイド専門誌、*Kolloid-Zeitschrift*の死に至るまでの長年の編集、コロイド化学の組織化、啓蒙、伝承などの裏方の仕事にあると言えるであろう。彼はコロイドの領域は化学に限定したものではなく、もっと広範な分野にわたる、すなわちKolloidchemieではなく、Kolloidwissenschaft(コロイド科学またはコロイド学)であるし、あるべきだと主張している(日本でも鮫島実三郎は第2次世界大戦前「膠質学」という概念を提唱し、その名の著書も刊行している)。オストヴァルトは第2次世界大戦中空爆で研究室を破壊

されたりした不遇の中がんで死去した。1943年60歳であった。

3.3.7 スヴェドベリ (The Svedberg, 1884-1971年)

彼のイニシャルとして英語圏でTheodorが使われるが、スウェーデン語としてはTheが正しい。彼はスウェーデンの物理化学者、コロイド化学者。1884年スウェーデン・バルボに生まれた。父は工場管理者であった。1903年大学入学試験に合格し、1904年ウプサラ大学に入学を許可され、彼の生涯を通じてのこの大学とのつながりがはじまった。彼はここで1907年修士号、1908年博士号を取得した。

彼は1905年ウプサラ大学の化学研究所の助手、1907年同大学の化学の員外講師の地位を与えられた。1909年特別に物理化学の講師兼講義実験者に任命され、1912年ウプサラ大学の物理化学の教授に選ばれた。1949年名誉教授となり、それ以後は大学の核化学のグスタフ・ウェルナー研究所の所長を務めた。

日本人で彼の研究室に留学した研究者は二人いる。1910年前後の井上嘉都治(東北大学医学部教授)と桂井富之助(理化学研究所)で、後者は1927年から2年間と、1931年から1年間の2回にわたり私費留学した。二人とも師との共著論文を発表している。

スヴェドベリは終生をウプサラ大学で過ごしたが、多くの国々を講演旅行で訪れた。特に1922-23年の北米訪問では米国のコロイド研究の推進に大きく寄与し、講演内容は彼の名著 *Colloid Chemistry* となった。

The Swedberg
(スヴェドベリ, The)
(出典) J. T. Edsall, *Trends Biochem. Sci.*, May(1978):114-115.
(高木俊夫氏提供)

彼は多くの賞を受賞しているが、1926年には「分散系に関する研究」でノーベル化学賞を受賞した。しかし彼の受賞講演は半年後に行われ、超遠心機によるタンパク質の研究に関するものであった。これには様々な背景があるが、この件を含む彼の科学的業績については後の3.4.2、3.4.3で詳述する。彼は英国の王立協会その他諸外国のアカデミーのメンバーに選ばれた。彼はまた絵画、植物に趣味を持っていた。1971年に死去した。

3.3.8 若き群像の記の終わりに

20世紀初頭の若きコロイド化学者7人の略歴を記してきた。こうした群像の出現はコロイド化学史の中で極めて珍しい。しかし偶然ではあるまい。19世紀のコロイド研究の蓄積と物理化学の勃興が組み合って生まれたのではないだろうか。この中の5人がWil オストヴァルトと関係している点がそのことをうかがわせてくれる。

次の節ではこの群像たちがコロイド化学の発展にどのように貢献していったかを事項を中心にして述べていく。ただしバンクロフトの場合は略歴中に業績も略記したのでもう触れない。

3.4 コロイド化学の発展

3.4.1 コロイド状態論

コロイドは物質を指すのか、物質の状態をいうのかという議論はグレアムがコロイドという概念を提示して以来行われてきた。それぞれ物質論、状態論と言われた。これに対して一つの明確な答えをだしたのがWo オストヴァルトとワイマルンであった。二人の考えをみていきたい。

(1) オストヴァルトの場合

1907年彼は前年発刊され、この年から自分が編集をすることになったコロイド化学の専門学術誌に一つの論文[8]を発表した。これは彼の実験に基づくものではなく、これまでの研究から演繹された彼の考えであった。これは状態論に対する明確な回答であり、コロイド化学に関心を持つ人たちに大きな影響を与えるものとなった。この論文は二つに分かれている。以下論文A（p291-300）、論文B（p331-341）とする。以下に簡単な紹介をする。

Aではそれまでのコロイドの研究をふまえて、"コロイドとは何か"という問題に対する彼の概念設定であり、Bではそれに基づくコロイドの分類を試みたものである。この論文は1903年の限外顕微鏡の開発とそれによるコロイドの実験観察の結果から強い影響を受けてのものであった。

オストヴァルトは「コロイドとは物質が微粒子として媒質中に分散している不均一系である」、端的には「不均一分散系」[12]といっている。この微粒子は相

律でいう"相"であり、気相、液相、固相のいずれをもとり得て、大きさは数百 nm から数 nm の間である。また媒質もこの三つの相をとり得るので微粒子と媒質からなるコロイドは両者の相の組み合わせでいろいろの場合がありうるわけである。多くのコロイドのテキストのはじめの章にコロイドの分類として載っているのがこの組み合わせである。オストヴァルトは論文Bの冒頭にこれを載せて解説をしている[13]。

　彼が取り上げたコロイドの重要な点は微粒子(分散質)と媒質(分散媒)の二つの相の間に"界面"が存在するということである。そして分散質粒子が微細であるため比表面積(粒子の単位質量あたりの表面積)が異常に大きくなることを指摘し、彼は簡単な例示計算をしている(論文Aのp297)。換言すると、コロイドの性質には界面の性質(状態)の変化が大きく影響するということになるのである。このことは2年後に刊行されたフロイントリッヒの *Kapillarchemie* に取り上げられている。

　以上のオストヴァルトの定義は物質を個々に区別することなく、物質の状態をとらえて物質共通に論じている。一方グレアムは彼の論文(第2章の文献2)の冒頭で、半透膜を通りにくい物質をコロイド、通りやすい物質をクリスタロイドと定義した。これはコロイドの"物質論"の論拠とされた。オストヴァルトの定義はこれに対してコロイドの"状態論"と呼ばれるものである。しかしグレアムは物質論に固執していたわけではない。コロイドは状態からみるとクリスタロイドに移行するし、逆の場合もあることを詳しく論じている(2.2.2.1参照)。

　しかし、何故かオストヴァルトはグレアムのコロイド・クリスタロイド移行論には全く触れていない。自分の状態論がグレアムの定義(物質論)と異なることを強調したかったのかもしれない。それはともかくとして、オストヴァルトはグレアムをコロイド研究の先達者として大いに尊敬していた。たとえば自分の著書[12]にグレアムの肖像を載せている。

　オストヴァルトと同じ状態論の旗手ワイマルンは逆にグレアムのコロイド・クリスタロイド移行論に感銘を受け、それを大きく取り上げている。このことは次に述べる。

(2) ワイマルンの場合[14]

　ロシアの化学者ワイマルンはオストヴァルトとほとんど同時に同様なコロ

イド状態論を実験的に探究し、ロシアの化学会誌にロシア語で発表した(1906年)。そしてそれを要約した論文を *Kolloid Zeitschrift* 誌上[15]に発表し(1907年)、オストヴァルトをはじめとする西欧の研究者を驚かせた。

その概要は次のごとくである。

彼は鉱山専門学校を卒業後、教授クリナコフと共同して緑色のチオシアン酸マンガンの水和物の研究をしていたが、この生成反応(下記)を深く追求した。

$$MnSO_4 + Ba(CNS)_2 = BaSO_4 + Mn(CNS)_2 \quad (3\text{-}1)$$

この反応で、反応系の濃度が希薄から濃厚になるにつれて、生成系の硫酸バリウムの状態が生成の初期においては、ゾル→沈殿→ゲルと変化することをつきとめた。すなわち、普通クリスタロイドである硫酸バリウムが反応系の濃度が希薄の時は生成時の初期にゾルの状態であった。

彼はこのような状況が多数の無機化合物について共通に起きることを実験的に確かめて、こう結論した:"コロイドはすべての物質について共通に起こり得る普遍的な状態である"と。ワイマルンのこの結果は数年後(1909年)スヴェドベリの著作中では[16]、さらに多くの物質について確認されていることが記されている。結局ワイマルンの研究はコロイド状態論の実験面からの証拠となったわけである。オストヴァルトとワイマルンはコロイド状態論を通して盟友となったが、両者は生存中に相まみえることはなかった。

さて反応系が希薄なときは反応の初期においてはコロイドが生成するが、成長を停止する条件がなければ、時間経過とともにコロイド粒子は成長していく。この過程は物質生成にとって重要な一般的問題である。ワイマルンはこの過程(結晶成長の過程)についても研究して、「ワイマルンの核成長の法則」を見出した[17]。

コロイドとクリスタロイドの関係についての彼の興味ある言を付記しておきたい。彼は文献15の最後でこう述べている「両者はまったく別の世界ではない。気体状態と液体状態の関係と同様に緊密な関係が成立している」。そしてオストヴァルトとは異なり、グレアムのコロイド・クリスタロイド間の移行を詳しく紹介しているのである[18]。

さらにワイマルンは研究の過程で彼の先見性を示す概念を提示している。そ

れは"solutoid"である[18]。彼は式(3-1)の反応追及の折、反応系の濃度が非常に濃い時、ろ過に用いたろ紙が溶解することに気付いた。彼はその溶液を観て、セルロースなどの仲間(いまでいう高分子物質)の液は通常の無機物質のコロイドとは異なっているだろうと考え、セルロースなどの液をsolutoid、後者のコロイドをsuspensoidと呼んで両者を区別した。彼は寒天、ゼラチンもセルロースの仲間に入れた。これは早くも1909年のことであった[19]。

　これは正に1920年代にシュタウディンガーが唱えた巨大分子論の先取りにもみえる。残念ながらワイマルンのsolutoid論は発展しなかった。また東洋の東端に移住していた彼は1920年代の巨大分子論争を知るすべもなかった。

> 注 ワイマルンは日本に亡命してからも研究を続けたが、ロシア在住中のような目覚ましい研究成果はなかった。しかし、注目すべき研究もあるし、重要な総説、レビューを発表している。日本での研究については文献14を参照されたい。

　本項を終えるに当たり指摘しておかねばならぬことがある。オストヴァルト、ワイルマンの言う"状態論はコロイドにとって普遍的である"という命題は疎水コロイド(一般的には疎液コロイド)という系についてである。端的にいうと"状態論は疎水コロイドについて普遍的である"。しかし疎水コロイドはコロイド系の主流である。

3.4.2　分子の実在性とコロイド

　分子という概念はアボガドロにより提出された(1811年)。19世紀、化学者はこれを巧妙に利用して物質に化学式を与え化学反応を説明した。物理学者マクスウェルはこれを利用して気体分子運動論を組み立てた。しかし分子の実在性はこの世紀には確証できず、むしろ分子という実体はないとするエネルギー万能論が有力な物理化学者、Wilオストヴァルトによって唱えられていた。

　分子の実在性を示す最初の手がかりは英国の植物学者ブラウン(R. Brown)により発見されたブラウン運動であった(1828年)。この運動を最初に定量化しようとしたのはスヴェドベリである(1906年)[20]。彼はジグモンディらによって開発された限外顕微鏡でコロイド粒子の観察が可能になったという事実を早速利用し、コロイド粒子のブラウン運動を捉えようとしたのである。大きさ約

50 nmの白金ゾルのコロイド粒子を対象としたが、これは運動が激しすぎて粒子の移動距離(変位)を定量的に計ることは困難であった。

そこで彼は装置と方法に工夫を凝らし、彼の有機ゾル調製の特技を生かした。液を流動させて、その流れに乗って動く一種のブラウン運動を観測したのである。媒質液の粘度が低い場合はこの運動は顕在化し、粘度が高くなるにつれてこの運動は低下した。この運動の軌道はサイン型曲線を示した。彼は言う「この軌道は粒子本来のブラウン運動ではない。これは平均値からのズレに比例するもので、擬弾性的性質ともいうべき現象である」と。

彼はこのデータを次のように処理した。サイン型曲線の振幅(A)がブラウン運動の変位に対応すると考え、粘度(η)の異なる6種の分散媒(水を含む極性有機液体)に分散した白金有機ゾル(大きさ40〜50 nm)について測定を行った結果として

$$A\eta = \text{const}（一定）\qquad (3\text{-}2)$$

を得た。別の実験からサイン型曲線の一定距離間の移動時間(τ − 波の周期)を求めて

$$A/\tau = \text{const} \qquad (3\text{-}3)$$

という結果も得られた。

以上が彼の第1報(文献20の前半、p853-860)であった。ところが、彼はこの報告の直後、アインシュタインのブラウン運動の理論式の報告(*Drudes Annalen,* 17(1905):549, 19(1906):289)の存在を知って驚いた。スヴェドベリは早速計算して、アインシュタインの式から彼の得た式(3-2)、(3-3)を誘導することができた。これが続報(文献20の後半p909-910)である。すなわちスヴェドベリはアインシュタインの理論を実証していたことになる。換言するとスヴェドベリは"分子の実在性"を実証したわけである。しかも最初に！

ところがこの研究は様々な波紋を起こし、しかもその余波は1920年代にまで及んだのである。この波紋に興味を持ったコロイド化学者がいた。イスラエル出身米国で活躍していたカーカー(M. Kerker)で、彼は長く *J. Colloid and*

Interface Science(コロイド・界面化学界の主要な国際学術誌)の編集長を務めていた。彼はこの問題を広く調べ「スヴェドベリと分子の実在性」と題する2編の論文を発表した[21,22]。前報[21]はブラウン運動についてのアインシュタイン、ペラン、スヴェドベリを巡る問題、後報[22]はこの問題がスヴェドベリのノーベル賞受賞に及ぼした影響を論じたものである。

本項では以降、前半は文献21を考慮に入れつつ、後半は文献22を全面的に引用して叙述していきたい。まず前報に関する叙述に入る。

科学史上一般には"分子の実在性"を実証したのはフランスの物理学者ペラン(J. Perrin, 1870-1942年)とされている。ペランは1905年のアインシュタインのブラウン運動の理論を受けて1906-09年顕微鏡的粒子を用いて、ブラウン運動の変位を直接に測定することにより"分子の実在性"を実証する実験を行っていて、1909年これを発表した(*Annales de Chemie et Physique*)。ペランのこれらの研究は一般向け科学図書としても1913年に刊行された(*Les Atomes*，玉蟲文一 訳，『原子』，岩波文庫(1978)にその記載が載っている)。

ペランは顕微鏡で見えるエマルション粒子、(乳香やガンボージから得られる植物油脂の球状水中懸濁粒子)を用いてブラウン運動の変位の直接測定から、また別に沈降平衡の測定から、アインシュタインの式を使ってアボガドロ数を求めた。この数値が全く別の原理から求めた値と一致することを知り、分子の実在性の検証とした。これらの研究から彼は1926年ノーベル物理学賞を受賞した。

さてペランは論文や『原子』の中で、スヴェドベリのブラウン運動に対する実験について、その努力は認めつつもこう言う：「彼は限外顕微鏡的粒子に対してブラウン運動は振動的にならねばならないと信じているが、(中略)ブラウン運動にはどんな程度でも振動的性質はない」と強く批判した(『原子』，p213)[21]。

一方アインシュタインもスヴェドベリの1906年の発表の翌年これを批判した。しかしこれはソフトな批判であった。おそらくそれは自分の理論の最初の検証者への敬意を感じたからではないかと思われる。

スヴェドベリはペラン、アインシュタインの批判を受け、一方ではすぐ後で述べる変位の直接測定の実験を行うとともに、他方1906年の自分の実験の正当性を1920年代まで主張し続けた。たとえば自分の出版したテキスト *Colloid*

Chemistry（初版1923年、第2版1928年）の中で1906年の研究結果をブラウン運動の項で取り上げているのである[23]。

アインシュタインの理論式の発表後、1907-09年の間に粒子の変位を直接に測定し、この理論を確証しようとする実験が他にもいくつか行われたがいずれも光学顕微鏡下で測定したものであった。スヴェドベリらは1910-11年さらに限外顕微鏡下で粒子の変位と経過時間を同時に測定する巧妙な装置を開発して分子の実在性を確かめた。この研究には当時彼の下に留学していた井上嘉都治（留学時京都帝大医科大学助教授）が共同研究をしている[23]。

> [注1] 本項(3.4.2)の前半の最後に、本項のはじめから注目されていた"スヴェドベリの1906年の研究および関連する分子の実在性の研究"に対するその後の評価について一言しておきたい。
> カーカーの前論文[21]の最後の項"The treatment of Svedberg work in colloid chemistry textbooks"（p212-216）にこの評価が取り上げられている。その概略を次に紹介する：「1906年のスヴェドベリの最初の研究は、はじめコロイド化学者達に称賛をもって迎えられた。たとえばフロイントリッヒは彼の著*Kapillarchemie*の初版（1909年）で、また Wo オストヴァルトも1910年にその著作で詳しく紹介している。」
> 「しかしこの称賛は時がたつにつれてしぼんでいった。スヴェドベリのノーベル賞受賞前後、フロイントリッヒ本の第2、3版（1922-26年）では、この研究は半定量的であると記述されるようになった。1930年後半以降になると、1911年のスヴェドベリと井上との共著論文[23]がペランによるブラウン運動の実証に対する金ゾルによる裏付けとして取り上げられるだけになった。その外のスヴェドベリのブラウン運動に関する研究はコロイドのテキストから姿を消してしまった。」

> [注2]「分子の実在性」というテーマについての注目すべき書として N. J. Nye, *Molecular Reality - A Perspective of Scientific Works of Jean Perirn,* American Elsevier, New York(1972)を挙げておきたい。ナイは本書の Chap. 3 で、スヴェドベリによる1906-07年のブラウン運動への寄与は次の点で重要であると評価している。次の点とは1907年の"粒子電荷はブラウン運動に影響しない"というスヴェドベリの業績を指している。」

次はカーカーの後報[22]の内容へ進む。このスヴェドベリの「ブラウン運動の

実証」という問題から生じた波紋の中に、彼のノーベル賞受賞の問題がある。これを取り上げたのがカーカーの後報である。少々長くなるが読者はこれによりスヴェドベリのブラウン運動の実験的研究の史的価値の一面と、超遠心法への推移の過程をみることができるであろう。なおこの論文にスヴェドベリの自伝的ノートの抜粋が付けられている。

著者(カーカー)はまず1920年代中頃からのスヴェドベリの超遠心機によるタンパク質の解明は分子生物学の主要な基礎を作ったものであることを述べ、次に続けてこう言う：「1926年のスヴェドベリへのノーベル賞の授賞は超遠心機に関するものではなく、分散系の研究、特にアインシュタインのブラウン運動の理論を確かめた実験的研究に対するものであったことを知って多くの人たちは驚くであろう。」

「ペランは1926年"分子の実在性の実証"の研究に対してノーベル物理学賞を受賞した。スウェーデン科学アカデミー（ノーベル賞授賞の最終決定機関）の秘書は言う"我々が近年聞いているように、アインシュタインはいわゆるブラウン運動の理論を発展させた……この理論は数人の科学者により実証されたが、その中で特に今回の二人の受賞者、ペランとスヴェドベリが主導的な役割を果たしてきたし、いまでもそうである"（*Nobel Lectures in Chemistry 1922-41*, Elsevier, New York(1966):63-83）。」

「（中略）しかしスヴェドベリは受賞講演にブラウン運動に関する研究でなく、超遠心機によって得られた直近の研究をあてることを選んだ。この研究はかなりの部分が進捗していなかったので、彼にこの研究についてもっと多くの事実を集めさせるために、受賞講演は約半年延期されたのである。」

「指導的化学者としてのスヴェドベリの堅い評価は広範な研究範囲に及んでいたが、ブラウン運動に関する仕事は突出して目立っていた。アインシュタインの研究を実証したと主張する彼の研究内容、その考え方、解析は1906年の二つの論文として現れた。それは彼がウプサラ大学のマスター在学中、助手となっていた時のことである。」

「アインシュタインは直ちにスヴェドベリの研究の物理的機構の解析について批判した。1909年ペランはその実験的研究を批判して、"スヴェドベリは明

らかに幻想の犠牲者である"と非難した。アインシュタインは次のようにペランに書き送った"スヴェドベリの観察方法や理論的方法の誤りは私にすぐに明らかになった"。こうした批判があるにもかかわらず、スヴェドベリの研究はブラウン運動のアインシュタインの理論のはじめての実証として1920年代までその価値を保っていたのである。」

この問題は超遠心法の研究と絡んでいくことをカーカーは次のように述べていく。
「スヴェドベリの超遠心法は1923年、彼のウィスコンシン大学の訪問教授として滞米中に展開され、タンパク質の予備的結果が1926年発表され、この年に彼にノーベル賞が授与された。上記研究発表の際、彼はもっと精密なタンパク質分子量が後日発表されるようになるであろうと告げた。この知らせ－予備的結果というよりもむしろ研究助成申請書の研究計画に近いようなもの－を受賞講演に選ぶということは異常なことである。このことが私(カーカー)の好奇心をそそり、スヴェドベリのブラウン運動についての研究の調査や科学界のこの研究の受け止め方の変遷の調査をすることになった(その結果が前報となった－筆者注)。」

著者(カーカー)は今回さらにスヴェドベリの自伝的ノートの抜粋を調べる機会を得た。その調査結果をまとめてカーカーは次のように要約している：「スヴェドベリがこのこと(ノーベル賞受賞関連のこと)について思い悩んだことがこの自伝的ノートの抜粋から明らかになった。ところで、ノーベル賞受賞者を決める手続きとしては、各分野の委員会が候補を選んで科学アカデミーに推薦し、ここで最終決定がなされる。1926年の選考作業は前年度の化学、物理学の選考がなされていなかったので二重に複雑になり、各委員会は2年分の候補を推薦するよう要求された。そして1925年の化学賞にはジグモンディが推薦された。1926年度についてはスヴェドベリへの支持はあったが、彼は委員会のメンバーであったので、審議の折、彼が退場することが期待された。しかし彼は自分の受賞のチャンスは乏しいと計算して、受賞の対象となることを断り委員会にとどまった。ところが、1926年度としてスヴェドベリへの支持が委員会ではなく、科学アカデミーの席から起こってきた。化学の推薦委員会長が残念に思ったのであるが、スヴェドベリは態度を変えて委員会を辞してしまった。それで

彼は受賞の対象になり、結局彼の受賞が決まった。」

「彼の受賞は期待されたものではなく、様々な波紋を引き起こした。彼は幸福感に浸ったり憂鬱になったりした。しかし彼は次の10年間を賞に値することを証明する期間に当てようと決心した。彼の受賞は研究資金を増し、学生を惹きつけることになり、超遠心法を生物学や化学、その他の分野の重要な技術として確立するのに成功した。」 以上でカーカー論文の紹介を終わる。

ところで、ここに挙げたスヴェドベリの"自伝的ノートの抜粋"の最後に次のことが記されている：「1927年春以来、超遠心機によるタンパク質の分子量決定法の改良が続いている頃、新しい共同研究者桂井富之助が日本の京都（東京が正しい－筆者）から仲間に参加した。彼は日本のalga poryphra（海苔）から抽出したフィコシアンとフィコエリスリンの仕事をはじめ、あるpH範囲でフィコシアン分子がフィコエリスリンと同じ分子量を示すが、pHを下げるとフィコシアン分子は半分に解離するという重要な発見をした。」スヴェドベリは桂井の仕事を高く評価しているのである。

> 注 桂井はスヴェドベリの研究室に約2年間私費留学した。上記の研究について二人の共著論文がある。その頃の桂井の日記を見ると、彼が留学に際して多量の海苔を持参したこと、留学中に日本から海苔を送らせたことが記されている。

3.4.3 超遠心法の開発とコロイド

本項は引き続きスヴェドベリの業績を中心に述べる。彼はウプサラのマスターの時、大学の助手として研究にも従事していた。彼は若い頃からコロイド研究には定量化が重要と考えていた。1906年コロイド粒子のブラウン運動の定量的研究を試みたこと、それに関連した事件については3.4.2で詳述した。彼の研究の当否は別として、彼がブラウン運動の理論式を知らずに、その定量的研究を試みた最初の人であったことは否めない。

彼は分子の実在性を証明するためのペランの顕微鏡的粒子の沈降実験を知って、自分はコロイド粒子を使い、そのため重力ではなく遠心力を使おうと考えたのではないだろうか。彼には遠心機の仕事としてトールマンの研究が頭にあった[24]。しかしこれは回転数が低く目的には不十分であった。彼は1920年

頃から超遠心機の制作をはじめた。

　1923年彼とニコルス(J. O. Nicols)が研究用超遠心機の制作に成功したのは彼がウィスコンシン大学へ招聘されていた時であった。この方法はコロイド粒子の大きさを調べるのに強い照明は不要で、粒度分布も測定可能などの利点があり、彼は金、硫酸バリウムゾルなどについて測定を行った。1924年には彼とリンデ(H. Rinde)は遠心力を5,000 gに広げ、この装置を超遠心機と名付けた。

　彼の超遠心機によるタンパク質の研究はタンパク質科学の研究に大きな影響を与えることになるが、この研究は1924年頃からはじまった。彼がどうしてこの研究をはじめることになったかについて彼の回想[25]がある。これは彼がタンパク質の著名な研究者、ハーバード大学のコーン(E. Cohn)とエドサル(J. E. dsall)に直接語った話である：「コーンはコペンハーゲンのセーレンセンの研究室へ留学しての帰途、1921年頃ウプサラの私を訪ねた。その折私はコーンに尋ねた"我々は超遠心機を使っているが、精製タンパク質の溶液は沈降速度法でどんなパターン(移動界面の図)を示すだろうか？"コーンは答えた"超遠心の場で単一(シャープ)な移動界面を示すと思う"。私は研究室のセミナーで仲間に言った"コーンの答えは納得できない。タンパク質もコロイド物質のように界面がぼやけるであろう"といい、私は精製したタンパク質(ヘモグロビン)についての実験をスタートさせた。結果はコーンが正しく私は間違っていたことを知った」。

　通常のコロイド(金属や無機物質のコロイド)は粒子の大きさには分布があり、多分散であるのに、精製タンパク質の移動界面が単一(単分散)であるという事実はスヴェドベリを大いに刺激した。そして1925年頃は彼の研究室では超遠心法によるタンパク質の研究が進みつつあった。その過程で、前項3.4.2の中で述べた1926年のノーベル賞授与の問題が起きたのであった。そこで述べた受賞の10年後にはタンパク質研究で受賞者らしい成果を出すといった彼の覚悟は数年後には果たされたのであった。

　その成果を彼の1930年の論文[26]で見ることができる。この論文にはたとえば、沈降速度法による移動界面がタンパク質ではシャープなままであるが、金ゾルでは時間とともにぼやけていく図が示されている。またこの論文の最後に

彼は次のような興味ある記述をしている：「それ故すべてのタンパク質の分子はある同じ礎石から組み立てられている。分子の大きさの違いは凝集する（組み立てる）礎石の数の違いによる。しかしながらこの凝集は通常のコロイド化学的凝集とは同一視することはできない。タンパク質の凝集度は自発的に決まり、pHに一義的に依存する（しかも一定数）という特質がある。また超遠心法による多くの結果が示すように、この特質は大抵可逆的である−これらすべての特徴は通常のコロイド凝集には欠けている」（カッコ内は筆者の加筆）。

　スヴェドベリは粒子の大きさ、質量が関係する溶媒−溶液間の界面移動現象を定量的に調べるため超遠心法を開発した。また粒子の電荷にかかわる現象の定量的研究として電気泳動法に着目した。電気泳動はラウス、キンケらにより発見、発展した。さらにゾルに対してピクトン・リンダーにより実験法が開発されていた（1890年）。20世紀に入り、バートン（F. E. Burton）によりU字管法が開発され（1906年）、これがよく用いられていた。しかし電解による界面の乱れなど定量化を妨げる要因があった。これは可逆電極の使用などで一応克服されていた。スヴェドベリは高弟チゼリウスと共に界面移動観察に光学法を用いてタンパク質の電気泳動を測定し、等電点を正確に決めた[27]。

　スヴェドベリらの移動界面法はチゼリウスを中心にして、1933年以降さらに改良され、タンパク質の分離や同定に利用され、タンパク質化学の発展に貢献した。1948年チゼリウスは"電気泳動と吸着分析についての研究、特に血清タンパク質の複合性に関する研究"でノーベル化学賞を受賞した。スヴェドベリの研究室は"ウプサラ学派"としてタンパク質の国際的研究の一翼を担ってきたのであった。

　この項の最後として、スヴェドベリの巨大分子論争に対する対応を述べておく。彼がタンパク質の研究に専心していた1920年代、タンパク質、セルロース、ゴムなどの高分子物質の構造について、高分子が単量体の化学結合によるのか（巨大分子説）、単量体の物理的凝集によるのか（会合体説）の論争があった。スヴェドベリはこの巨大分子論争には関心がなかったようである。上述したように彼の実測したタンパク質の分子量は万のオーダー以上の高分子量であった。それはある低分子成分の凝集（会合）したものであるという会合体説に与するよ

うな表現をしている。たとえばヘモグロビンの超遠心法による分子量は礎石の分子量17,600の4倍70,400であった。スヴェドベリの凝集（または会合）という考え方は1938年の彼の総説[28]の中にも見ることができる。しかし1940年の英国王立協会の会議または同年の総説[29]では、タンパク質はれっきとした個性を持った粒子－事実上の巨大分子－からなると言明している。

3.4.4　英国におけるコロイド化学の発展

　近代コロイド研究はイタリアで起こり、英国でグレアムによりその姿を明確にしたが、その後19世紀中はドイツを中心に発展してきた。英国における研究としては19世紀末にコロイドの均一・不均一論争を止揚するピクトン・リンダーの研究があった。彼らは電気泳動の測定法をはじめて提唱した（1890年）。

　20世紀に入るとオストヴァルトの影響を受けた留学生たちにより英国、また米国でコロイド化学の新しい芽吹きがはじまった。まず英国に目を向けよう。

　オストヴァルト、ファント・ホッフに学んだ英国のドナンは帰国して界面の物理化学に着目して"負の界面張力"という概念を取り上げた。負の界面張力は非常に微細な粒子からなるゾルが自発的に生成することにつながるはずである。ドナンの論文は1903年ドイツの物理化学雑誌に英文で掲載された[30]。この実験的検討はすぐ後で述べるが、英国のコロイド化学者により行われた。

　ドナンは1913年、英国の化学界の泰斗、UCLのラムゼーの後を継いで英国の物理化学界の指導者の一人となるのであるが、その2年前（1911年）膜平衡の理論を提出した[31]。これは半透膜を隔てて一方（左室）にコロイド電解質（または高分子電解質）が存在し、右室に低分子電解質が存在するとき、放置すると物質移動が起き平衡に達した時点で膜の左右の室でどのような分布が成立するかを計算した理論である。平衡に達するためイオンの移動が起こり、両室間に浸透圧の差や膜電位差が生じる。以上は"ドナンの膜平衡"と呼ばれる理論で、彼の国際的評価を高めた。この理論は生理学上にも利用される応用範囲の広い重要な理論である。

　彼は優れた研究者であるとともに、英国の物理化学、コロイド化学分野の良き指導者であった。門下生の中にコロイド・界面化学者のリディール（E. K. Rideal)、アダム（N. K. Adam）、サグデン（S. Sugden）らがいる。

　リディールの著：*Surface Chemistry*（初版1926年）は界面・コロイド化学の名

著として戦前日本でもよく読まれた。戦後本書は彼の弟子デーヴィスとの共著：*Interfacial Phenomena*[32]として生まれ変わった。興味あることに、本書には、ドナンの孫弟子デーヴィスらによって行われた彼の負の界面張力の実験的検討が記されている[33]。

ドナンは第1次世界大戦中、軍需相顧問となりアンモニア、硝酸の合成、イペリット（化学兵器の一つ）のプラント設計に関与した。これは彼のUCLにおける初期の研究であった。この化学的研究遂行のため産業界から資金を集めるのに成功し、化学工業界とのつながりができ、ICI（英国の国際的化学工業会社）の顧問を務めたりした（1926-36年）。

英国には第2次大戦後、コロイド分野で国際的活躍をしている研究者たちがいる。それはブリストル大学で研究しているブリストル学派ともいうべき人たちである。3.4.6で述べるミセルの開拓者で、1906年ドイツでの留学を終えて、ブリストル大学に職を得たマックベインはその学派の先導者であった。彼は当大学の寄付講座Leverhulme教授職を務めていたが、1926年米国のスタンフォード大学に移った。彼の後、不均一触媒作用を専門とするガーナー（W. E. Garner）を経て、エヴァレット（D. H. Everett）、オットウィル（R. H. Ottewill）、ヴィンセント（B. Vincent）、コスグローヴ（T. Cosgrove）とコロイド・界面化学を専門とする研究者が次々とこの教授職を継いで現在に至っている。いずれもこの分野で国際的に評価を得ている人たちである。このブリストル学派は最近コロイド科学の注目すべきテキストを刊行した[34]。

3.4.5　コロイド研究の実験的拡がり ― フロイントリッヒの業績

20世紀初頭Woオストヴァルトやワイマルンにより、コロイド概念の一つ（状態論）の確立をみた。一方20世紀初頭から1930年頃にかけて、コロイド研究には既述のスヴェドベリやマックベインらの他に重要な実験的研究を担った立役者がいた。それはフロイントリッヒであった。彼の主要な貢献を追ってみよう。彼の界面化学・コロイド化学への貢献は多岐にわたり、いくつかの点で国際的な成果を挙げている。彼の経歴を述べたと同じドナンによる追悼記事（3.3.4の最後に記した）からその状況を抄録し、日本人研究者との関係も付記しておきたい。

（1）フロイントリッヒの重要な研究の一つは今でいうレオロジーの基礎とな

る広範な研究である。彼は機械的力によるコロイドの状態変化を調べようと深く考察した。その結果1923年、ザイフリツ(Seifriz)やシャレーク(Schalek)との共同研究によるゾルの粘性・弾性の研究がはじまった。彼らはチキソトロピー、ダイラタンシー、プラスティシティーの一連の系列現象を研究しレオロジーの基礎を作った。チキソトロピーは現象としては彼以前に発見されていたがその名称は彼による。後にレオペクシーと名付けられた現象も彼とセルナー(3.3.4で既出)の研究で発見されたものである。

1920年代後半彼の研究室に留学した玉蟲文一はこの研究室でこれらの研究を見聞し帰国後日本におけるレオロジー研究の先導者の一人となった。

(2)フロイントリッヒは共同研究者と共にコロイド光学というべき分野を開拓した。非球形のやや粗大の粒子を含むコロイド系は定常的状態で光二色性、流動複屈折を示すことを知った。これらは彼または彼らにより1910年代から研究されていた。1925年以降の彼の弟子ゾッヒャー(Zocher)によるタクトイド(タクトゾル、虹彩色を示す特異なゾル)の研究は有名である。この現象の解明に関する日本人の研究は後述する(4.3.4.2参照)。

(3)フロイントリッヒは吸着現象でも貴重な寄与をしている。彼の名を冠した吸着式の存在については前述した(2.5.2)。彼は20世紀初期、イオンの原子価と凝析価との間の関係式を求めた。これが式(2-2)である。日本の化学者松野吉松は1917年錯イオンを用い、この式の適用範囲を広げた。その経緯については4.2.2で述べる。シュルツェ・ハーディの法則の検証の折、ハーディも研究し、気付いたことであるが(2.3.5.2参照)、フロイントリッヒは、水素イオン、水酸化イオンは通常の無機イオンと異なり式(2-2)には適合しない。それ故これらは特性吸着をすることを明らかにした(1907年)。

(4)彼はε電位(電極電位)とζ電位(界面動電位)との違いを明らかにした。後者も一種の界面電位であるが固体(電極)と溶液とが相対的に動くときに現れるものであり、ずり面と溶液間の電位であるとした(1920-25年)。

(5)ゲルが膨潤するとき現れる膨潤圧は異常に大きな値を示すことは古くから知られていたが、彼はこれを定量的に測定し、膨潤熱の研究も行った(1932年)。

> **注** フロイントリッヒは弱冠29歳にして *Kapillarchemie* を刊行した（1909年）。本書はコロイド・界面化学関係のはじめての専門書であった。本書はその後、版を重ね最終の第4版はページ数にして初版の約2倍となり、2巻に分割され1930年と1932年に刊行された。物理学者であり随筆家でもあった寺田寅彦は本書を愛読したという。

3.4.6　ミセルコロイドの誕生と発展[35]

ミセルという語は19世紀の植物学者ネゲリ（W. Nägeli）により、細胞を構成する粒子という意味で最初に用いられたと言われる。1908年フランスのコロイド化学者デュクロー（J. Duclaux）はこの語をコロイド粒子と同義に用いた。その後もこのような使い方をする化学者もいるが、すくなくとも、コロイド化学の領域では、マックベインが1913年提唱したイオンミセル（またはイオ化ミセル）に端を発した概念を指すのが普通である。さてこのイオン化ミセルの誕生までに次のような論争があったのである。

3.4.6.1　石鹸分子は会合体を作るか

19世紀に発展した繊維工業の中で、羊毛の脱脂剤としての石鹸の研究が盛んになった。石鹸水溶液の物理化学的研究をはじめたのはドイツのクラフト（F. Krafft）であった。彼は大学で化学を有機化学の泰斗ケクレに、物理学を熱力学の先駆者の一人であるクラウジウスに学び、1880年からハイデルベルグ大学で有機化学の教授を務めていた。彼は当時勃興してきた物理化学の手法を石鹸水溶液の研究に使い、弟子たちと一連の論文を発表した。

このなかに溶液中の石鹸分子の分子量測定がある。彼らの第Ⅴ報（1896年）に脂肪酸ナトリウムの溶液中の会合数がまとめられている。それによると、脂肪酸基の炭素数の長いもの（16, 18）では、沸点上昇法で求めた分子量からの会合数は大きい（約4～5）ことがわかった。彼らは言う「高級脂肪酸ナトリウムは濃度が濃くなると、多数の分子が会合してコロイドとなっている」[36]と。

これに対して米国の物理化学者カーレンベルグとシュライナー（L. Kahlenberg, O. Shreiner）は石鹸溶液は泡立って沸点上昇法は使えないし、導電性からみて石鹸水溶液はコロイドとはいえないと反論した（1898年）。これに対してクラフトは新しい研究を行い自説が正しいと再反論した（1899年）。

この論争に対して、オランダのスミッツ（A. Smits）は蒸気圧降下法により分子量を測定し、会合体の存在を認めコロイド生成説を支持した。この論争を詳しく検討し、石鹸溶液の正体を明らかにしたのが新興物理化学をドイツ留学で学んだマックベインであった。彼は留学後英国のブリストル大学に職を得て、石鹸溶液の物理化学的研究に取り組んだ。

3.4.6.2　マックベインとライヒラーの発見

マックベインは上記の論争を詳しく検討した。この解決にはa）石鹸溶液の低濃度から高濃度にわたる導電率とb）石鹸（高級脂肪酸塩）分子の会合性の両者を徹底的に調べる必要性を知った。まさに当時の物理化学の格好のテーマであった。a）に関しては石鹸分子の加水分解の影響という以前からの問題があったが、彼は当時の化学の成果である水素電極を用いてこれを解決し定量的研究を進めた。b）については泡の生成が邪魔をする沸点上昇法を避けて、この別法ともいえる露点法を使い信頼できる結果を得た。

彼は1913年の時点では論文としては未発表であったが、溶液中で高級脂肪酸イオンの会合体（彼はイオン化ミセルと名付けた）が生成しているという確証をつかんでいた。そして同年3月、ファラデー討論会[37]という大舞台で、パウリ（Pauli）の高粘度でありながら高伝導性のアルブミン溶液の不思議さという発表へのコメントとして、イオン化ミセルの概念を発表したのである[38]。これが石鹸分子、広くは界面活性剤分子の作るミセル概念誕生の時であり、この文献がよく引用される。れっきとした論文ではなく、討論会のコメントが新概念の発表の場として引用されるのは珍しいことである。居並ぶコロイド化学の錚々たるメンバーの前でこのコメントをしたマックベインはこのとき弱冠31歳であった。席上ある年配の教授は「マックベイン！それはナンセンスだ。」と叫んだという。

さてほとんど同時にミセルという語と概念を誕生させたもう一人がいた。マックベインの陰に隠れてとかく忘れられがちだが、その人はベルギーの化学者ライヒラー（A. Reichler）である。彼は非加水分解性のセチルスルホン酸およびその塩を用い、その溶液の導電性を測定し、ミセルが生成していると述べた。さらに分子中に親水基と疎水基があるから分子集団を作り、球状のミセルになっていると推定した。しかし彼は残念ながら会合体生成の実証はしていない[39]。

マックベインは後に彼の著作[40]の中で、ライヒラーの研究は球状ミセル概念提示の嚆矢であると称賛している。ライヒラーの研究で使われた物質は後に盛んに使われる石鹸以外の界面活性剤の先駆である点が注目されるが、彼がこの研究を続けた形跡はないし、後継者も見当たらない。

マックベインのイオン化ミセル提唱の根拠となった研究は1913年以降次々と論文として発表されるが、一つの区切りをつけた論文[41]は"コロイド電解質：石鹸溶液とその構造"と題して1920年に発表されたものである。

この論文でのマックベインらの石鹸溶液の包括的な結論は概略次のようである：「石鹸溶液は低濃度では通常の電解質のようにイオンに解離していて、いわゆるクリスタロイドである。しかし高濃度になると陰イオンは会合してイオン化ミセルを作り、コロイドを形成する。すなわち石鹸は同じ溶液であっても、濃度によりクリスタロイドからコロイドに移行し、この移行は濃度変化に対して可逆的である。そしてモル導電率－濃度曲線の形は図3-1aのようになる。曲線上のゆるやかな谷がイオン化ミセルの生成しはじめる濃度である。」

この結論は当時としては画期的な見解であり、石鹸はコロイド電解質と呼ばれた。しかしこの見解には不十分な点があり、石鹸であるがための問題点も含んでいるが、1930年初頭にかけて広く界面活性物質の溶液論として発展、充実されていく。

3.4.6.3　ミセル概念の充実・発展

マックベインらにより提唱されたミセル概念はその後充実発展し、1936年頃に大きな区切りを迎える。以下はそこまでの流れを取り上げていく。

(1) 臨界ミセル濃度の発見

1920年代の終わり頃までには研究は石鹸溶液から広く界面活性物質の溶液へと拡がり、臨界ミセル濃度という重要な現象が見いだされていく。

イオン化ミセル（以下、一般的表現として単にミセルと記す）という会合体の生成が質量作用則に従うとすると、会合体が大きい場合はある濃度範囲で会合体は急激に生成し、ミセルを作る分子の大きさの増大につれてその濃度範囲は狭くなる。これは理論的結論である。このことは1929年デーヴィス(D. G. Davies)とバリ(C. R. Bury)により、理論とともに低級、中級の脂肪酸塩について実験的にも示された[42]。

彼らはこの濃度（領域）をミセル臨界濃度と名付けた。後にこれは臨界ミセル

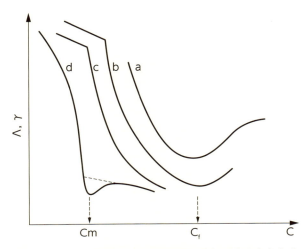

図3-1 モル導電率(Λ), 表面張力(γ)の濃度(C)変化
a：マックベインら、b：エクヴァル、c：ロッターモザー …Λ〜C曲線、
d：ロッターモザー …γ〜C曲線
C_m：約 0.0001〜0.001 mol/L, C_f：約 0.01〜0.1 mol/L
（注）Λ, γ の値は定性的で変化の状態を示す。

濃度（critical micelle concentration, 通称cmc）と呼ばれるようになる。これは正にマックベインが言明したクリスタロイドとコロイドとの境界である。

(2) エクヴァルの実験

バリらの実験的検討は部分比体積についての実験であったので溶解性の悪い高級脂肪酸塩については実験できなかった。エクヴァル（P. Ekwall, 1895-1990年）は導電率について高級脂肪酸塩を用いた実験を行った。しかもマッベインらが避けていた超低濃度を含めてであった。

> 注　エクヴァルの略歴などについて簡単にみておく。彼はフィンランドのオーボアカデミー大学のコロイド・界面化学の教授を務め、定年後スウェーデンの界面化学研究所の初代所長に招聘されて、国際的に活躍するコロイド化学者を育てた。その中にフリーバリ（S. Friebery）、ステニアス（P. Stenius）、リンドマン（B. Lindman）らがいる。エクヴァルは北欧のコロイド・界面化学のパイオニアであった。

彼は1927年頃、早くも"界面活性物質を含む三成分系の相図的研究"を発表し、戦後盛んになるこの分野の先導的役割を果たした。彼はこの研究はマックベインの1920年代における石鹸–水二成分系の相図的研究が基礎になっていると述べている。

1932年エクヴァルはマックベインが避けていた超低濃度、0.001M以下までのミリスチン酸ナトリウム溶液について実験し、導電率（正確にはモル導電率）－濃度曲線を作った。曲線上にはマックベインの場合の低濃度（0.01～0.1M）におけるゆるやかな谷の他に、1～2桁低い濃度領域にシャープな下向きの屈折が現れた（図3-1b）[43]。彼は前者はマックベインがいうイオン化ミセルが生成する濃度領域としたが、後者については脂肪酸塩の飽和濃度とし、それ以上のことは言わなかった。マックベインの影響が強すぎたためであろうか。しかしこの屈折点の濃度こそ真のcmcであったのである。

(3) 合成洗剤の出現とその背景

エクヴァルの実験に引き続きマックベインのミセル論に変革を迫るもう一つの実験－ロッターモザーの実験－が現れるのであるが、これに使われた試料が革新的な合成洗剤であった。これは出はじめの頃ソープレスソープ（石鹸でない石鹸）といわれた。これが工業的に現れはじめたのは1920年代後半ドイツにおいてであった。

ドイツでは第1次世界大戦後、経済的苦境のため石鹸原料である油脂（おもにヤシ油）の輸入が困難になり石鹸不足に悩まされた。これを救ったのは19世紀から培ったドイツの有機化学工業の力であった。ドイツは合成洗剤の開発に成功した。良い例はアルキル硫酸塩で、陰イオン性界面活性物質であった。これは非加水分解性で超低濃度（10^{-3}～10^{-5}M）まで、導電率や表面張力の測定が可能になった。この物質の精製品を使って実験をしたのがドイツのロッターモザーらであった。

(4) ロッターモザーらの実験

ロッターモザーの経歴を略記する。

> 注　ロッターモザー（A. Lottermoser, 1870-1945年）はライプチヒ大学で有機化学の研究をはじめ、ドレスデン工業大学に移り無機コロイドの研究で教授資格を得、以後コロイドの研究に専心していた。彼は大学でコロイド化学が軽視されていることを憂えて、コロイド化学研究所の設立を計画し、資金を集めたが第1次世界大戦後のインフレのため規模を縮小せざるを得なくなり、はじめは研究室にすぎなかった。しかしここはドイツのコロイド化学研究機関の嚆矢となった。1922年ようやく独立の研究所となって評価を高め、多くの学生たちを惹きつけた。

　ロッターモザーらは導電率を超低濃度まで測定し導電率－濃度曲線を作った。用いた試料はアルキル基の炭素数12から18までのアルキル硫酸ナトリウムであった[44]。曲線上には炭素数の長さにより10^{-2}から10^{-4}Mのあたりにシャープな屈折が現れた（図3-1c）。彼らはこの屈折点の濃度を臨界ミセル濃度と認めなかった。それは1920年のマックベインらの著名な研究の影響があったからである。マックベインらの石鹸溶液では10^{-2}から10^{-1}Mの領域になだらかな谷があり、彼らはここをイオン化ミセルの出現濃度としていた。ロッターモザーらの導電率曲線にもこの濃度領域に類似の谷が現れた。彼らはこれに幻惑されていたのであろう。超低濃度における屈折の出現という素晴らしい現象を軽く考えて、これを中間的会合粒子の生成としてごまかしてしまったのである。

3.4.6.4　ロッターモザーらのもう一つの実験

　ロッターモザーらは同じ試料について、溶液の表面張力の測定を行った。界面活性の測定といってもよい。石鹸溶液の界面活性の実験は1921年ウォーカー（E. E. Walker）によって行われた。彼はマックベインらの石鹸溶液の研究に刺激され、高級脂肪酸塩溶液の表面張力－濃度曲線を作ったが、その解釈は間違っていた。その曲線がマックベインらの導電率－濃度曲線と似ていたので、溶液表面に単一イオンとイオン化ミセルとの混合吸着が起きていると解釈した。

　ロッターモザーらの表面張力は超低濃度で表面張力の急速な低下が生じ、小さな極小を経てほぼ一定となった（図3-1d）。残念ながら、その曲線の解釈は本質的にウォーカーのそれと変わらなかった[45]。

　しかし彼らは重要な事実を見つけた。それは導電率－濃度曲線と表面張力・濃度曲線とを重ねてみたのである。すると前者の屈折点濃度と後者の極小点濃

度とがほぼ一致したのであった。このことは後のハートレーの臨界ミセル濃度に関する決断に役立った。

> 注 ロッターモザーらの表面張力 − 濃度曲線に現れた極小は1944年、シェドロフスキー（L. Shedrovsky）らにより試料中の不純物によることが確かめられ、精製試料では極小は消え曲線は単なる屈折を示すことがわかった（図3-1d上の点線）。

3.4.6.5　ハートレーによる古典ミセル論の成立

　マックベインによるミセル論は1920年代の石鹸溶液について中心的役割を果たした。しかし1930年代に入ると、そのミセル論に対して疑問を呈するような実験事実が生じてきた。エクヴァル、ロッターモザーらの実験である。ハートレー（G. S. Hartley, 1905-?）はこの結果を注意深く検討し、自らも自分の結論を確かめる実験も行った。

> 注 ハートレーはUCL（University College London）の化学科卒業時最優秀者賞であるラムゼー賞を授与され、大学に残って講師となった。1937年ロンドン大学から学位を取得。1939年民間の研究所に移った。1970年引退して、ニュージーランドに移住した。1975年米国でのミセルの国際会議に招待され「ミセル − 回顧と展望」という特別講演をした（筆者も聴講した）。しかしその後の彼の消息は杳としてつかめない。ニュージーランドでひそかに死去したのであろう。

　1936年、彼はドナンが編集している叢書"The Colloidal State"中の1巻[46]を担当執筆した。その書は本文65ページの小冊子ながら弱冠30歳のハートレーの野心作で、重要な内容を含み、その後ミセル関係の論文にはたびたび引用される良書となった。以下本項の記述はこの書に負うところ大である。

　ハートレーはマックベインらの1913-20年にわたる一連の研究はおおむね正しいと評価しながら、導電率 − 濃度曲線の0.01 M近辺の緩やかな谷をミセル生成開始濃度とするのは正しくないと言明した。そして正しいミセル生成開始濃度（臨界ミセル濃度）はエクヴァル、ロッターモザーらが見出した1〜2桁低い曲線上の屈折点の濃度であると結論付けた。ハートレー自身も1934年モル導電率 − 濃度曲線の屈折点濃度を臨界ミセル濃度とするのが適切であるという

実証的研究[47]をこの書に再録している。

さらに彼はミセルの形として球状モデルを提案し、ライヒラーの仮説(3.4.6.2参照)を確かなものとした。またミセル内部は液状であるという斬新な見解も示しており、これは現在に通じる卓見である。彼のミセル論はマックベインにはじまるミセル論を修正補完したもので、完成された古典ミセル論の結晶ともいうべきものであり、戦中戦後、広く両親媒性物質のミセル研究が盛んになる基礎ともなった。

3.4.6.6 ミセル論の周辺

1920-30年代にかけてミセル研究に関連した事項を二つ取り上げておきたい。第一は高分子量物質に関して起きた巨大分子論争とのかかわり、第二はミセルを形成する物質の広がりについてである。

(1)巨大分子論争はグレアムの示唆にはじまる。その示唆とはグレアムの"コロイド分子はクリスタロイド分子のグループ化によって作られているのではないか？"との言(2.2.2.2参照)のことである。20世紀に入りコロイドの中の親液コロイドを作る物質の高分子量が確認され、ついでクリスタロイド分子すなわち基本分子がどのような結合によりコロイド分子すなわち高分子量分子を形成しているかが問題になった。1920年代に入りシュタウディンガー(H. Staudinger, 1881-1965年)が唱えた化学結合によるとする巨大分子説とその他多くの有機化学者、物理化学者が主張した物理的結合によるとする会合体説とが鋭く対立する、いわゆる巨大分子論争が起こった。この論争については、これを詳述している良書[48]に譲る。

さてミセルは会合体であることは既述した。その意味でミセル研究者は巨大分子論争では会合体説に加担した。しかし、セルロース、ゴムなどの高分子量物質については巨大分子説が勝利を収めた。その勝利を語るスタウディンガー論文の一つ[49]の中で彼はコロイドを次の三つに分類した：(a)サスペンソイド(b)会合コロイドまたはミセルコロイド(c)分子コロイド。この分類は今でも通用するもので現在(a)はコロイド分散系または単に分散系(主に疎水コロイド)(c)は高分子溶液にあたる。このように、ミセルコロイドは1930年巨大分子論争のなかでその先導者によっても認められていたのである。

(2) ミセルを形成する物質として石鹸の他に合成洗剤があることはすでに述べた。その代表例の一つのアルキル硫酸塩は1928年ドイツで工業化され、そのコロイド化学的研究がロッターモザーらにより行われたことも記述した（3.4.6.3）。彼らの論文の最後には試料を提供したBoehme Fettechemie社への謝意が述べられいる。

アルキル硫酸塩は陰イオン界面活性剤の代表例である。陽イオン界面活性剤、非イオン界面活性剤も1930年代中頃にはドイツで工業的に開発された。さらに両性界面活性剤もある。この中で、陽イオン性のものは殺菌作用があり消毒剤に使用されている。これは開発の初期、石鹸とイオン種が反対なので逆性石鹸と呼ばれた。非イオン性のものは無機イオンの影響が少ないので、硬水用の洗剤に適している。また親水基と疎水基の長さが変えられるので種々の油と水の乳化剤に好適である。また界面活性剤の分子構造を変えることにより多種多様なものが作られ用途が拡がっている。またその基礎物性が研究の好適な対象となり界面化学、コロイド化学の研究分野を賑わせてきた。界面活性剤は両親媒性物質として拡げられ基礎研究の対象にもなっている。基礎物性の一つに自己会合（self-assembly）という特性がある。換言すれば、ミセルコロイドは1940年代以降のコロイド化学に新しい息吹を吹き込んだということができる。

> 注 第2次世界大戦後のことであるが、日本では界面活性剤の物性、合成、その応用の研究が急速に進み、その内容も国際的レベルに達している。日本化学会コロイドおよび界面化学部会、日本油化学会がその中心である。

3.4.7　北米におけるコロイド化学（1935年頃まで）

19世紀コロイド研究はヨーロッパで起こり、ここで発展した。この世紀北米からの寄与は均一・不均一論争におけるカレイリー、バラス・シュナイダーを除いて他には見当たらない。

この世紀北米の化学者やその卵たちは競ってヨーロッパ特にドイツに留学した。ドイツのWilオストヴァルト、オランダのファント・ホッフの下で物理化学を学んだ人たちが帰国して北米にコロイド化学を興した。際立ったのはバンクロフトであった（3.3.1参照）。

20世紀に入るや北米特に米国ではコロイド化学が勃興し発展するが、やが

て1930年頃から停滞しはじめる。1935年までの北米のコロイド化学の盛衰を記した化学史書[3)]がイードにより刊行されたことはすでに記した(3.3.1参照)。本項でもこの書を大きく取り上げていく。イード本中で彼は北米のコロイド化学(彼は科学と記している)の盛衰を4期に分けている。適切と思うのでここで簡潔に紹介する。

(1) 1900-14年　北米におけるコロイド化学の初期であり、ヨーロッパにおける成果の反復とコロイドの製法、同定が中心であった。

(2) 1914-23年　第1次世界大戦とその戦後の時代であり、軍事とのつながりが深く、化学兵器との関連が大きい。ヨーロッパ特にドイツとの交流断絶により北米独自の研究が芽を吹きだした。

> 注　上記の1、2の期間にまたがり、既述(3.3.6, 3.3.7参照)したことであるが、ドイツのWoオストヴァルトによる米国の長期講演旅行(1913-14年)、スウェーデンのスヴェドベリのウィスコンシン大学における訪問講義(1923年)が北米化学界に大きな刺激と興奮を与えたことを再言しておく。

(3) 1923-30年　米国の十分な研究員、研究費により、ヨーロッパに追随することなく独自の研究の進歩、発展があった。その契機となったのは1923年6月のNational Colloid Symposiumであった。これは以降年1回開かれ、北米コロイド研究を促進する象徴となり、1926年米国化学会内にコロイド化学部会の開設につながった。

(4) 1931-35年　この時期には化学の他部門の拡大発展は続くが、コロイド化学は凋落しはじめる。その最後の指標となったのは、1935年米国のNational Research Council発行の「アメリカ化学年報」の中からコロイド部門が外されたことであった。

　以上で4区分の概説は終わる。1930年代に入り、高分子の構造に関する巨大分子論争で巨大分子説が勝利を確実なものとした。それが確認されたのはファラデー討論会においてであり、時は正に1935年(イード本の最終の年)であった。ここに至るにはドイツのシュタウディンガーと共に米国の有機化学者カラザース(W. H. Carothers)の貢献も大きかった。そして親水(液)コロイドは新しい高分子に席を譲った。こうした状況も当時のコロイド衰退の一面といえる

であろう。

　イードは彼の書の序章の最後で次のように言う：「私はコロイド化学の重要性を否定するのではない。学問としての基本的な面での研究が停滞してきたというのであって、コロイドは広い応用面を持っていて、現今でもその点での重要性は大きいのである」。この言を、筆者は1935年の時点でのものとしては首肯する。しかし1935年以降に、米国だけではなくヨーロッパも含めて起こったコロイド化学の"基本的な面の研究"があることを指摘しておきたい。

　一つはミセルコロイドにおける"self-assembly"（自己会合）概念の発生、二つ目は疎水コロイドにおけるDLVO理論の誕生である。前者に対する北米化学者の貢献は大きい。後者は次の第4章の主題である。なお研究そのものではないが研究媒体としての専門雑誌の誕生が見逃せない。戦後米国から二つのコロイド関係の雑誌が刊行されている。1946年米国の出版社から*Journal of Colloid Science*が刊行され、その後*Journal of Colloid and Interface Science*と改名された。1996年米国化学会から*Langmuir*と題するコロイド・界面化学の学術誌が発行された。いずれもこの分野における重要な国際的学術誌となっている。

3.5　本章の終わりに

　本章は20世紀初頭から1930年頃までを対象にした。ただし、次章との境目は必ずしも明確ではない。

　この時期の初期、1914年第1次世界大戦が勃発した。戦後ドイツは敗戦の苦難に遭遇した。欧米全体としては、前世紀末のドイツを中心とした物理化学の新風を浴びた若手の研究者たちが活躍し、彼らによりコロイド化学という新分野が開拓され発展していった。それを象徴するのは1925年、その翌年における二人のコロイド化学者（ジグモンディ、スヴェドベリ）のノーベル化学賞受賞である。また1926年物理学者または物理化学者といわれているペランの物理学賞受賞も内容的には極めてコロイド化学に近いものである。

　また従来のコロイドに加え、ミセルという新しいコロイドが誕生した。このコロイドは次の時期にわたって発展していくとともに、界面化学という近隣の分野とのつながりを深くする役目も果たしていった。

本章で扱った期間内の1910年代から1920年代の初期にかけて、界面電気、強電解質溶液に関心を持った物理学者が疎水コロイド安定性の理論化の礎石となる拡散電気二重層の理論を敷いた。しかしこれらは次章の主題に深く関連するので第4章の話題とすることにした。

第4章 コロイド化学からコロイド科学へ
−1930年頃から1970年頃まで−

　本章では20世紀中葉として1930年頃から1960年前後の間のコロイド研究を取り上げる。事項により前章との重複もあり、1970年頃にわたる場合もある。当化学史としては最後の章になる。

　この期間は化学の周辺との交流が深くなり"コロイド科学"の名称が使われるようになる。またコロイドの範囲が広がってきているので本章ではコロイドの中心である疎液（水）コロイドに内容をしぼっていくことにする。

4.1　時代背景と科学界の情勢概観

4.1.1　時代背景

　ここではヨーロッパの情勢を主として見ていく。

　20世紀は戦争の世紀と呼ばれ、1914-19年に第1次世界大戦、1939-45年に第2次世界大戦に遭遇した。1920年代は第1次大戦の後遺症が続いていた。ドイツは1919年ヴェルサイユ平和条約を結んだ後ワイマール共和国として出発したが、過重な賠償のため経済的苦難が続いた。この経済的さらには政治的苦境の隙をついてドイツでは1920年代後半ナチスが台頭してきた。1933年にはナチスがドイツ国会で多数を占め、国の権力を握るに至った。そしてユダヤ系国民を圧迫、追放し、大量殺戮にまで及んだ。ユダヤ系の優れた科学者たちの国外への亡命も続いた。

1939年9月ナチスドイツのポーランド侵攻に端を発した第2次世界大戦はイギリス、フランス、アメリカ、ソ連の連合国とドイツ、イタリア、日本を含む同盟国との戦争になった。1945年この戦争は連合国の勝利に終わったが、この戦争のコロイド科学研究に及ぼした直接的影響は本文中に記す。

　戦後は国際連合の結成、自由主義国（おもにアメリカ）と共産主義国（おもにソ連）との間の冷戦が1950年頃からはじまった。それに続く協調路線、ソ連国家の崩壊（1991年）などを経て21世紀に入ってゆく。

4.1.2　科学界の状況概観

　前章で述べたように、物理学界では19世紀末の画期的な実験的発見を基にして、ちょうど1900年にプランクの量子論、新世紀初頭にボーアの原子モデルという物質観の革命が起きた。これは1920年代の量子力学の誕生へとつながった。この変革は化学の分野へと波及して量子化学という新分野を生み、またコロイドの分野でも疎水コロイド安定性の理論構築に寄与することとなった。

　化学界では1861年グレアムがコロイドとして例示したゼラチン、デンプンなど高分子物質について、1920年代に巨大分子論争が起き、1930-35年これらが巨大分子として認知され、高分子化学という新分野が誕生した。コロイドの二大分野の一つ、親液コロイドは高分子溶液として発展した。

　別の見地から化学の発展を見てみよう。第2次大戦後科学者同士が個人としてまた団体として盛んに交流するようになった。化学では団体として、IUPAC（国際純正応用化学連合）、コロイド・界面化学関係ではIACIS（国際コロイド・界面科学者連盟）が発足した。これらの機関の活動が盛んになった人的交流とともに科学の発展に果たす役割は大きくなった。

4.2　疎水コロイド安定性の理論を求めて

4.2.1　シュルツェ・ハーディの法則の定式化

　1900年のシュルツェ・ハーディの法則は1882年のシュルツェの発見を、当時の物理化学の進歩に合わせてハーディがより一般化したものであった。当時すでに粒子が電荷を持つこと、塩は電離していることがわかっていたからであった。この法則は2.3.5.2で述べたように、ゾルの凝集に必要な反対イオン

の最低濃度（凝析価）をf、反対イオンの原子価をzとすると、次式で表された。

$$f = Kz^{-n} \quad （Kは定数、nは正の整数） \quad (2\text{-}2)$$

さて問題はこの実験式がどのようにして理論的に求められるかということである。それこそが疎水コロイド安定性の理論であり本章の主題である。これに至る道のりは長い。約半世紀にわたる先人の苦闘がこれを求めて続くのである。

4.2.2 シュルツェ・ハーディの法則の理論化の試み — 吸着説

シュルツェ・ハーディの法則の理論化のために20世紀はじめ、フロイントリッヒは粒子が電荷を持っているが故に安定化していることに着目した。彼は塩の添加で凝集が起きるのは塩からの反対イオンが粒子表面に吸着して粒子電荷を中和するからである。その時の吸着はフロイントリッヒの吸着式に従うとして式(2-2)を導いた。この理論は吸着説と言われている。

ところがこの式は一般にはイオン価が3までしか実証されていなかった。これを高イオン価へと拡張できることを錯イオンを用いて実証した日本人化学者がいた。それは松野吉松であった。松野は当時東京帝国大学理科大学（現東京大学理学部）化学教室の柴田雄次研究室で錯塩の研究をしていた。彼は同教室の池田菊苗研究室でコロイド研究をしていた宮沢清三郎と知己であった。宮沢は日本のコロイド研究の先駆者の一人であった。錯塩ではコバルトアンミン塩のように1～6価（5は欠）の正の錯イオンが得られていた。1918年松野は負の電荷を持つ精製硫化ヒ素ゾルを宮沢から譲り受け、コバルトアンミン錯塩による硫化ヒ素ゾルの凝析実験を行い式(2-2)が成立することを実証した[1]。この研究はフロイントリッヒの *Kapillarchemie* の改訂版に引用された。

しかしこの吸着説は溶液側の状態を全く考慮していないし、無電荷になった粒子間の作用についても考えていない。それ故オーバービークらによりナイーブな説として批判された[2]。より一層洗練された理論が待たれるのであったが、それにはいくつかの段階を踏まねばならなかった。

4.2.3 新しい電気二重層の構造 — 拡散電気二重層

疎水コロイド粒子の電荷はコロイド（ゾル）を安定化させる要因であることはすでに知られていることであった。さてゾル全体としては電気的中性を保たね

ばならないので、粒子電荷全体と同量の反対イオン(以下、対イオンと呼ぶ)が液中に存在している。この対イオンはどんな配置(分布)をしているだろうか？

これについてはヘルムホルツにより提案された固定電気二重層という概念があることは既述した(2.3.4.4参照)。しかしこれとは別の新しい、より合理的な概念が20世紀になってから現れるのであるが、それに至る一過程を次項に記す。

4.2.3.1　電気二重層について当時のある化学者の認識

物理学者ヘルムホルツにより提示されていた電気二重層を20世紀初頭の化学者がどう認識していたかの一例を示しておきたい。英国の化学者でドナンの指導を受けたエリス(R. Ellis)はエマルション、サスペンションの安定性を界面電位と関係付けて次のように言う[3]:「コロイドの安定性は界面電位に依存し、安定性の低下は界面電位の低下による。この原因は電気二重層の強さの減少のためである。電気二重層が引きちぎられるとエマルション粒子は合一し、サスペンション粒子は凝集する」。しかしエリスは電気二重層の強さとはどういうことか、界面電位の大きさと電気二重層の強さの対応についても、何も言っていない。

しかしこの論文で評価したい点は電気二重層の性質が界面電位を仲立ちにしてコロイドの安定性を支配するという考え方がこの時期に一化学者に認識されていたこと、電気二重層の性質や構造の重要性を暗示していることである。エリスは次に述べるグイの仕事は当然知らなかったであろうが、あたかもその出現を期待していたかのようにみえる。

4.2.3.2　グイとチャップマンの電気二重層の構造

フランスの物理学者グイ(M. Gouy)は1909-10年、電解質水溶液中の粒子が帯電している場合溶液と粒子近傍でどんなことが起きているかを考察した[4]。ヘルムホルツは対イオンが界面に一様に集まっていると考えた。しかしグイは言う：「対イオンには粒子界面に集まろうとする静電気力の他に、対イオンを均一に分布しようとする浸透圧(拡散力)がはたらく。その結果一つの平衡状態が成立する」。この平衡状態は対イオン濃度が粒子との界面で濃く、界面から液中へ遠ざかるにつれて薄くなるという拡散的分布であった(図2-1b)。

1913年英国のチャップマン(D. C. Chapman)は電気毛管性への寄与と題して、荷電金属(水銀)と電解質溶液との界面近傍での溶液側の電位変化を計算し

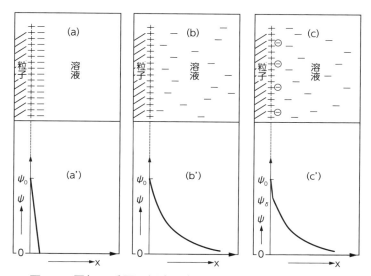

図2-1 電気二重層の概念図(界面電気の符号は正とする)
(a), (a') 固定電気二重層(ヘルムホルツによる)
(b), (b') 拡散電気二重層(グイ、チャップマンによる)
(c), (c') 吸着層を持つ拡散電気二重層(シュテルンによる)
上の列(a), (b), (c)は対イオンの分布、下の列(a'), (b'), (c')は対応する液中の電位(ψ)の減少の様子を示す。
(ψ_0は界面電位、ψ_δはシュテルン電位、xは界面からの距離)
(図は再録)(出典)北原文雄,『化学史研究』, 42(2015):196, 図1.

た[5]。その結果はグイと同様遠ざかるにつれて徐々に減少した(図2-1b')。

　両者における対イオンの分布、電位の変化はヘルムホルツの場合と異なり拡散的である。そこでこの場合は拡散電気二重層が生成されているという。これにはグイ・チャップマンと並んだ名がつけられている。

4.2.3.3　もう一つの電気二重層 — デバイ・ヒュッケルのイオン雲

　前項の荷電表面はコロイド粒子または水銀滴の場合に相当し、液中のイオンに比べると表面は広がっていて、極端な場合は板状粒子に近似できる。一方粒子が微細になっていくと、極端な場合液中の通常のイオンに近似できる。こうした正負イオンが液中にバラバラに同量ずつ存在しているのは強電解質水溶液である。

強電解質溶液の浸透圧など諸性質を測定してみると、アレニウスの電離論による完全電離ではなく不完全電離という結果がでてくる。この原因として、完全電離した正負イオン間に電気的引力が働き、一部結合した状態にあるのではないか、と考えられていた。1923年、不完全電離の状態を理論的に解明したのがドイツの物理学者（物理化学者ともいわれる）デバイ（P. Debye, 1884-1966年）とその弟子ヒュッケル（E. Hückel）であった。彼らの研究[6]は強電解質の不完全電離の程度を示す活量係数を導出したもので、デバイ・ヒュッケルの強電解質論と呼ばれている。ここではコロイドに利用できる部分を次に引用する。

　彼らの考えは要約すると次のようになる：溶液中のあるイオンに注目すると、その周りに反対電荷イオンが電気的に引かれて集まる。しかし集まってくるイオンには一様に拡がろうとする拡散性があるので、結果としてイオンは拡散的に分布する。この状況をデバイらは点電荷の周りのイオン雲またはイオン雰囲気の形成と名付けた。この状況は前項のグイ・チャップマンの拡散電気二重層と類似している。ただ帯電面が面であるか点であるかの違いに過ぎない。それ故拡散電気二重層としての理論的取り扱いは同じであり、電位の分布にはポアッソンの式を、電荷の分布にはボルツマン分布を使うことができる。電気二重層で囲まれている疎水コロイド粒子間の相互作用を論じるのに、どちらの方式でもよいわけであるが、デバイ・ヒュッケルの方式がよく使われる。後出のデルヤーギンやオーバービークらはデバイ・ヒュッケルの方式を使っている。

> 注　デバイの略歴：デバイはオランダの生まれで、ドイツで研究を行っていた。1939年米国にわたり、コーネル大学教授となり、1940年から同大学化学教室主任教授。1946年米国市民権を得た。1952年同大学定年。定年後も死に至るまで研究を続けた。デバイのドイツ時代、彼の下に学んだ日本人の研究者の一人に物理化学者水島三一郎がいる。1936年ノーベル化学賞受賞。

4.2.3.4　シュテルンの補正

　電気二重層内のイオン、電位の分布を図2-1に固定電気二重層、拡散電気二重層について描いてある。このうち電位の方がスカラー量で加減できるので、通常電位分布曲線を使用する。これは界面から液中の距離無限大の点における値ゼロとする電気的ポテンシャル（電気的位置エネルギー）である。

さて拡散電気二重層では対イオンの界面への吸着という現象は無視している。これを指摘したのがシュテルン（O. Stern, 1888-1969年）であった。彼は量子力学関連の実験で1943年ノーベル物理学賞を受賞している。彼は1924年、大きな対イオンまたは界面活性イオンが界面に吸着すると分子コンデンサーが生成し、この中で電位が直線的に変化することを指摘した[7]。この指摘を取り入れて、**図2-1**に反対符号イオンが吸着した場合の図を付け加えた（**図2-1c, c'**）。この吸着が起きると拡散電気二重層の拡散電位は図の表面電位ψ_0からはじまるのではなく、吸着層の外側の電位ψ_δ（シュテルン電位という）からはじまることになる。界面活性イオンが存在する場合は吸着性が強いので、界面と同符号の界面活性イオンが吸着することがある。その場合はシュテルン電位の絶対値が増加する。現在はシュテルン層（吸着層をいう）を考慮した電気二重層が取り扱われている。

4.2.4　疎液（水）コロイドの安定性と熱力学的観点

本章に入ってから主に疎水コロイドを対象としてきた。コロイドには親水コロイドにも共通な現象もあるが、これからは疎水コロイドに叙述を限定していくことにする。

"コロイドは本来不安定である"という表現がよくある。それは厳密に言うと疎水コロイドの場合であって、熱力学的にみての話である。疎水コロイドでは粒子は微細な固体とか液体または気体であるから、媒質との間に界面が必ず存在する。界面には内部とは別に界面エネルギーが存在し、単位面積あたりの値を界面張力または表面張力（γで表す）という。そのために疎水コロイドは熱力学的に不安定なのである。その理由を下記の注に記す。

> **注** 物質の持つエネルギー（厳密にはギブス自由エネルギー）は内部のエネルギー（G_i）と界面のエネルギー（G_s）との和である。物質を細分化してコロイドを作るとき、内部は変わらないのでG_iは変化しないで、G_sが変わるだけだから、コロイドにしたとき全体の変化のエネルギーは、
>
> $$\Delta G = \Delta G_s = \gamma \Delta A \quad (4-1)$$
>
> となる。ここでAは界面積、または表面積、ΔAはその変化を示す。コロイドを作るときは$\Delta A > 0$だから$\Delta G > 0$。

すなわちコロイドを作るときはエネルギー（ギブス自由エネルギー）が増加するのでコロイドは熱力学的に不安定になる。それ故何ら手段を講じなければ安定な状態へ戻ろうとする、すなわち凝集して大粒子になろうとするのである。

　疎水コロイドは熱力学的には不安定であるが、粒子を荷電させると、粒子の電荷間に反発が生じて分散し見掛け上安定化する。しかしこの電荷の作用はよく調べると単なる正または負の電荷の反発ではないのである。荷電粒子の周りには対イオンが取り巻き界面電気二重層を生成している。これが安定性にかかわってくる。単純な粒子荷電の中和で凝集を防ぐというわけにはいかない。ここに4.2.2の吸着説がナイーブといわれた原因があるのである。

　これから疎水コロイドの安定性を論じるには、この電気二重層の働きがどうなのか？また電荷が取り除かれた、すなわち電気二重層がなくなって、電気的に裸になった粒子の間にはどんな作用が働くのか？という問題を考えていかなければならない。これが第4章の大問題なのである。

　まず裸の粒子間の作用または力を考えることにする。粒子間の力は粒子を構成している分子または原子間の力に起因するという考え方がある。この考えを考察するのが次項である。

4.2.5　分子間力と量子力学

　分子間力は1873年ファンデルワールス（J. D. van der Waals）により気体の状態式に取り入れられた概念である。この力は分子の極性により、双極性分子間の力、双極子分子－非極性分子間の力、非極性分子間の力の3種に区分される。第一の力はオランダの物理学者ケーソム（W. H. Keesom）により（1915年以降）、第二の力はデバイにより（1920年）解明された。第三の力はより一般的な力であるが、その解明は量子力学の発展を俟たねばならなかった。

　ドイツの研究者で、後に（1939年）米国に移住した理論物理学者ロンドン（F. London, 1900-54年）はハイトラー（W. Heitler）と共に、1927年水素分子の共有結合の本質を量子力学で明らかにしたこと（ハイトラー・ロンドンの理論）で名をはせていた。彼は1930年量子力学的計算で上記の第三の分子間力を明らかにした[8]。この力は分散力またはロンドン・ファンデルワールス力（ときには単にファンデルワールス力）ともよばれる。分子間力は以降のコロイド安定性

理論構築の重要な礎石となっていくのである。

4.3 疎水コロイド安定性の理論

4.3.1 序曲 ── カルマン・ウィルシュテッターの試論

　疎水コロイド安定性の理論の序曲ともいうべき論文が現れた。1932年標記二人による「コロイド系構築の理論に向けて」という表題で、内容的に注目すべき論文である[9]。彼らはベルリンのカイザーウィルヘルム研究所内の物理化学および電気化学研究所（所長はハーバー、副所長はフロイントリッヒ）の所員で、フロイントリッヒ研究室のチキソトロピー、タクトゾル（ゾッヒャー担当）など粒子間力に関係する現象に関心を持ち、これらを解明しようと考えていた。

　電解質溶液中の粒子間の反発力については、それ以前にドナンの教示によってエリスが電気二重層間の相互作用によることを推測していた（4.2.3.1参照）。しかしもう一方の粒子間の引力についてはこれまでに信頼できる考えは提示されていなかった。カルマンらはこの力について検討し、化学的力ではないことが判った。

　たまたま彼らは分子間のファンデルワールス力を解明したロンドンとのディスカッションの機会を得て、彼からこの力は加成性であることを教えられた。そして分子集合体である粒子間の力は粒子を構成している分子間のファンデルワールス力の和として求められると推測した。こうして彼らは粒子間引力の式を誘導した。そしてこの式から求められる粒子間引力と荷電粒子の電気二重層（彼らはイオン雲という）間の反発力（彼らはゼータ電位による反発とした）からポテンシャルエネルギー曲線を作り、その曲線に極小が現れる場合、この極小から粒子間の凝集現象、ゾル－ゲル変化、チキソトロピー現象が説明できるとした。しかし残念なことにこの論文にはエネルギー曲線の内容は全く記されていないし、それからの現象の説明もない。著者らは本報は予報的論文で、詳しいことは追って報告すると言っているが、この報告は発表されていない。

　いずれにせよ、粒子間に一般的に引力の存在を考え、それが構成分子間の力の総和であるとした推測は極めて重要な提示であり、今後の疎水コロイド安定性の理論構築の重要な暗示となったことは否めない。しかしカルマンらが求めた引力

の式は単純素朴で不十分なものであり、精緻な式は1937年オランダのハマカーにより計算されるようになることは4.3.2.2で述べる。また粒子間の引力と反発力からポテンシャルエネルギー曲線を作って粒子間の凝集現象を論じるという手法は斬新なもので、今後の安定性の理論の構築に使われる重要な手法である。

4.3.2 疎水コロイド安定性理論誕生前夜

これから疎水コロイド安定性理論の誕生へと筆を進めていくのであるが、これには幾人かの研究者が関与している[10]。しかし結果的にはソ連グループとオランダ学派の活動に集約されていく。次にこの二つのグループの活動について述べていく。

4.3.2.1 ソ連グループの第2次大戦前の動き

疎水コロイド安定性理論構築の一方のグループはロシアのデルヤーギン（B. V. Derjaguin, 1902-94年）を中心とする人たちであった。彼らが活躍していた頃ロシアは旧ソヴィエト連邦に属し、その中で最大の地域、人口を占めていたので、ここではソ連グループと呼ぶことにする。その中心人物、デルヤーギンはソ連科学アカデミーのコロイド・電気化学研究所に属し、"薄膜研究"を主宰していた。

当時電解質水溶液の液相薄膜の分離圧（薄膜の薄化、破壊を抑える力）の研究をしていたデルヤーギンらは疎水コロイドの安定性の研究をはじめたが、それは前項のカルマンらの論文を見たからと推察される。彼らの研究の第1報は1937年ソ連の雑誌に掲載されたが、その内容を含む英文論文が1940年デルヤーギンの単独名で発表された[11]。この論文を掲載した論文集には因縁があるがそれについてはすぐ後（本項目内）で述べる。

彼はこの論文で、二枚の平行平板間また二つの球状粒子間の電解質溶液中での相互作用（反発力）を計算している。この際デバイ・ヒュッケルのイオン雲間の相互作用の式を拡散電気二重層間の相互作用の式として利用している。この論文の前半部（p203-215）は電気二重層間の作用が主であるが、後半部（p730-731）では後述するハマカーの粒子間のファンデルワールス力を引用し、反発力と引力との全ポテンシャルエネルギーの式を作り凝集速度まで論じている。この論文は荒削りで定量的には不完全な点があり、1941年ランダウとの共著で整った論文になるのであるが、これは4.3.3.1で記述する。とにかくこの1940

年の論文は1939年までのデルヤーギンらの成果をまとめたもので、求めようとしている疎水コロイド安定性の理論の原型ともいえるものであった。

ここでデルヤーギンの1939年までの成果が1940年の英文論文集に収録されるに至った事情は第2次世界大戦と深いつながりがあることを記しておきたい。

1939年9月英国のファラデー協会(英国化学界の物理化学部門を代表する大きな学会)主催で、当時世界のコロイド化学界で重要なテーマであった「電気二重層」に関する国際的シンポジウム(ファラデーシンポジウム[12]とも言われていた)が開かれる計画があった。そのためこの分野で活躍している研究者に論文を発表し討論に参加するよう勧誘が行われていた。デルヤーギンはもちろん、それに応じた一人であった。彼は1939年夏頃までの研究を発表すべく論文を送っていた。

ところがまさに開会予定の年月に、ナチスドイツのポーランド侵攻により第2次世界大戦が勃発したので、そのシンポジウムは幻となり、発表予定の論文のみが1940年のファラデー協会誌(*Transaction of Faraday Society*)の中に英文論文集[13]として出版発行されたのであった。戦争のため1939年9月以降、国際間の学問の交流は中断され、西欧とソ連の研究は戦後しばらくまで厚いカーテンにより閉ざされることになった。

4.3.2.2　オランダ学派の戦前の活動

オランダは以前ファンデルワールス、ファント・ホッフを生んだ国であり、コロイド研究にも力がそそがれていた。そしてコロイド安定性の研究に貢献したオランダ学派ともいうべき一群の研究者たちが生まれた。その元祖ともいうべき人はクロイト(H. R. Kruyt, 1882-1959年)であった。

クロイトは1908年オランダのユトレヒト大学で化学の学位をとり、1921年同大学の物理化学の正教授となった。彼はコロイド粒子の帯電、その他の研究をしていたが、彼の最大の業績はオランダ学派を育成したことであろう。彼はコロイド科学の重要性を認識し、ユトレヒト大学内のファントホッフ研究所にコロイド部門を創設し研究者たちを育てた。この中からオランダ学派ともいうべきグループが生まれた。なお彼は戦後 *Colloid Science* と銘打った2巻よりなる大著を編集刊行した。本書はオランダ学派の成果であり、コロイド化学がコ

ロイド科学へと拡がった一つの証拠でもあった。

ここでいうオランダ学派の人たちを簡単に紹介する。フェルウェイ(E. J. W. Verwey, 1905-81年)、オーバービーク(J. Th. G. Overbeek, 1911-2007年)はクロイトの門下生、ハマカー(H. C. Hamaker, 1905-93年)はクロイトの直接の弟

フェルウェイ・オーバービークの本
(第4章文献18の表紙)

Jan Theodoor Gerard Overbeek
(オーバービーク，J.Th.G.)
(提供)Royal Netherlands Academy of Arts and Sciences

子ではないが、ユトレヒト大学で学位を取り、クロイト一門の人たちと深いつながりを持っていた。フェルウェイは1934年学位を取得し、同年オランダのフィリップス研究所に入り、コロイドの研究に従事、1946-67年、物理学者カシミール(H. Casimir)と共に研究部門の指導者となった。オーバービークは1941年学位を取得、1946年ユトレヒト大学の教授としてクロイトの後を継いだ。ハマカーはオランダの物理学者、1934年学位を取得後、1967年までフィリップス研究所の物理学研究部門に勤務、1960-72年アイントホーフェン工科大学教授を務めた。

戦前のオランダ学派のコロイド安定性の理論への最大の貢献の一つはハマカーによる球状粒子間の引力(ファンデルワールス力)の計算である[14]。彼は前述のカルマン・ウィルシュテッターの粒子間の引力を正確に定量化したのである。これは一つの定数を含むのみで粒子間の引力のポテンシャルエネルギーを粒子間距離の関数として計算できる有用な式(4-2)(99頁に記述)である。このファンデルワールス力は同質の粒子間ではいつも引力であるが、異質の場合は斥力にもなりうることが後に示された(4.3.4.1参照)。

この粒子間力は普遍的なものであるから、無電荷粒子間でも当然働いている。もう一方の荷電粒子間(電気二重層間)の相互作用については既述のように

1940年の英文論文集にデルヤーギンによって荒削りの論文が提出された。本論文集でオランダ学派からは電気二重層の相互作用がエマルションの場合について論じられたが、すっきりした数式の形ではまだ現れなかった[15]。

4.3.3 疎水コロイド安定性理論の誕生

いよいよ待望の表題、疎水コロイド安定性の理論（端的にはDLVO理論）の誕生をみる段階にきた。DLVOの名の由来は追って明らかになる。

4.3.3.1 DLVO理論の誕生 ── 戦中から前後にかけてのソ連とオランダの研究

1939年の秋以降は第2次世界大戦勃発のため欧州はもちろん全世界の科学者間の交流、文通、論文の交流は断絶してしまった。この状況は終戦（1945年）以後も数年は続いた。その間ソ連では1941年、理論物理学者ランダウ（L. D. Landau, 1908-68年）の協力を得て、デルヤーギンは注目すべき論文[16]をソ連で発表した。これは1940年のデルヤーギンの論文[11]を加筆更新したものであり、球状粒子間また板状粒子間の電気二重層の反発力とファンデルワールス引力のポテンシャルエネルギーの和からその相互作用を論じたもので正に求められていた疎水コロイド安定性の理論として決定的なものであった。なおこの論文についてコメントしておきたい[17]。

一方オランダ学派の戦中の研究は正に戦争の影響を受けた。1940年ドイツは中立国オランダに侵攻した。ドイツ占領軍は1943年オランダ国内の大学の研究室を閉鎖した。しかし戦争遂行のため利用することを考えたのか、フィリップス社の研究所はそのままであった。この研究所で働いていたフェルウェイはユトレヒト大学教授クロイトの弟子であった。その縁でクロイトの弟子オーバービークはフィリップス社の研究所を利用することができ、兄弟子フェルウェイとの共同研究を続けることができた。共同研究の成果が疎水コロイド安定性の理論として結実したのは戦中であったが、公表されたのは1948年出版の成書として

Lev Davidovich Landau
（ランダウ，LD）

であった。その表題は「疎液コロイドの安定性の理論」[18]で、共著者フェルウェイとオーバービークの所属はフィリップス社自然科学研究所となっている。本書は出版後長きにわたってコロイド安定性関連の論文にしばしば引用されるバイブルとなった。

ところでこの二人の成果が何故学術雑誌に論文として掲載されなかったのか？また発刊が数年遅れたのは何故か？このことについて本書[18]の序文［1947年6月記］が語っているのでそれを以下に引用する：

「本書は1940-45年の間、断続的に行われた理論的研究と計算の結果である。我が国（オランダ）の占領されていた状況が早めの出版を妨げており、集めた成果の記述量が雑誌論文の限度を超えているように思われたが故に、戦後書籍の形で出版することになった、（中略）本書の主要部分はコロイド粒子の相互作用の仕事の叙述であるが、いくつかの章は本書の主要部分への入門として関連文献から引用したものもある。これは理論の簡潔なまとめやファンデルワールス力の短い導入などである。本書を書いているとき（1944-45年）には、連合軍側で戦っている国々の戦中の文献は我々の手許には入らなかった。しかし1947年になって本書をまとめる折、本書が最近の発展に適合するようにいくつかの章節が追加された。」

本書を眺めると、事実1940年の国際討論会予定の論文集[13]より後のめぼしい論文は見当たらないし、ライバルのデルヤーギンらの論文は1941年の重要な論文[16]を含め全く引用されていない。

ところで、上記引用の序文を見ると、電気二重層間の反発力とファンデルワールスの引力による疎水コロイド安定性の理論はデルヤーギン・ランダウと同じ頃、フェルウェイ・オーバービークによっても、戦中のため互いに知らない間に全く別々に樹立されたことが明白である。それ故にこの理論は4人の名を冠してデルヤーギン・ランダウ・フェルウェイ・オーバービークの理論、略して頭文字をとりDLVOの理論と呼ばれるようになった。

この理論の定性的な考え方は次のようである。疎水コロイドを安定化するにはコロイド粒子同士が近付かないようにすればよい。それには反発力を大きくして引力の圏内に入れないようにすればよい。引力は近距離で働く力であって、

その作用圏は狭いのである。ところで反発力を大きくするにはゼータ電位を高くするだけでは不十分である。電気二重層の拡がり(厚さ)を考慮に入れなければならない。ゼータ電位よりもこの方の影響が大きいのである。以上がこの理論の大要である。

左からオーバービーク(Overbeek)
デルヤーギン(Derjaguin)
フェルウェイ(Verwey)
(出典) B. Vincent, *Adv. Colloid Interface Sci.*, 170(2012):57.

この理論はコロイド科学にとって非常に重要であるから、次項で数式を使ってやや定量的に解説したい(化学史的にのみ見たい方は次の項はスキップしてもよい)。

4.3.3.2　DLVO理論の解説 ─ ポテンシャル曲線を使って

我々はカルマンらがはじめて指摘したポテンシャル曲線(厳密にはポテンシャルエネルギー曲線、略名:エネルギー曲線とも言う)を使ってDLVO理論を説明することができる。ここでは反発力、引力を粒子間の距離で積分してポテンシャルエネルギーに変換して図にする。(以下図4-1参照)

ハマカーが導いた半径aの二つの球状粒子間のファンデルワールス力のポテンシャルエネルギー(以下、エネルギー)Vaは近似的には次式で表される:

$$Va = -Aa/12h \quad (4\text{-}2)$$

ここでAは粒子を形成している物質と媒質の種類による定数で、ハマカー定数と呼ばれる。hは二球の最短壁間距離である。Vaは物質、媒質を決めるとhのみの関数で、負の双曲線になることがわかる。

表面(界面)電位がψ_0の二球状粒子の電気二重層間のエネルギーVrは、電位が高くない場合、近似的に次式で表される:

$$Vr = (a\varepsilon\psi_0^2/2)\exp(-\kappa h) \quad (4\text{-}3)$$

ここでεは液の誘電率、κは次式で表される:

$$\kappa = Kn^{1/2}z \qquad (4\text{-}4)$$

ここでKは温度を含む定数、nは単位体積中の対イオンの粒子数(濃度)、zは対イオンの原子価である。

$1/\kappa$は電気二重層の拡がり(厚さ)を表す量でデバイ長さとよばれ、式(4-4)から液中の対イオン濃度、対イオン原子価が増すほど小さくなることがわかる。それ故Vrは式(4-3)からこの厚さが小さくなるほど(κが大きくなるほど)指数関数的に大きく減る。反発のエネルギーは液中の対イオンの原子価、濃度に大きく依存するのである。このことは液中に電解質を添加すると反発のエネルギーが大きく減り凝集しやすくなることを示す。これがDLVO理論の大きな意義の一つである。以下図4-1で説明する。

このVa、Vrをhの関数として図示し、両者の和

$$V = Va + Vr \qquad (4\text{-}5)$$

をとるとVは一つの曲線となる。

これは二粒子の相互作用全体を表しているエネルギー曲線である。VはVa、Vrの相対的な大きさにより三つの型の曲線に分類できる。その中の代表的な曲線を図4-1(実線の場合)に示した。

図4-1の説明をする。二つの粒子A、Bを図上に示した。原点にあるAに遠くからBがブラウン運動などで接近してくるとする。図のMinというエネルギーの谷が深い場合は強い引力が働いてA、Bは凝集してしまう。このことはBは接近すると最終的にはこの谷に落ちて凝集するということであり、4.2.4で説明した熱力学的考察に他ならない。マクロの熱力学は最終的なことしかいわないのである。ミクロに粒子の挙動を調べると、DLVO理論により途中の状態が見えてくる。すなわち凝集に至るまでに途中にMaxという山(エネルギー障壁)が存在していると図(理論)が教えてくれる。この山は電気二重層間に反発力があるから生じている。この山のために熱力学的な凝集は抑えられる。反発力が大きいと山は高くなり凝集しにくくなって安定化する。こうして生じる見掛け上安定な状態を熱力学的には準安定という。

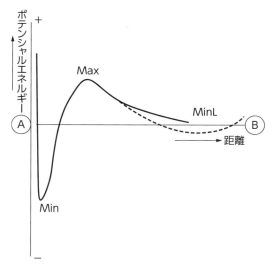

図4-1　ポテンシャル曲線

二粒子、A、B間のポテンシャルエネルギーの粒子壁間距離による変化を示す図。
Minの左側の垂直に近い線はボルン反発から生じるもの（本文中説明省略）
実線は本文中4.3.3.2の場合（一般の場合）
点線は本文中4.3.4.2のタクトゾル生成の特殊な場合（原文献では描かれていない）
（出典）北原文雄，『化学史研究』，42(2015):200，図2.

　この疎水コロイドに塩（電解質）を添加すると、対イオン濃度の増加により、Vrが減り、Maxの山の高さが低くなり凝集しやすくなる。これがシュルツェ・ハーディの法則の理論的説明である。

4.3.4　DLVO理論の拡がり

　疎水コロイドというコロイド化学の主流分野で、安定性という重要な現象を支配する理論が樹立されたことは現象論のみで古い化学として見られていたコロイド化学を近代的な科学とするものであった。この役割を果たしたDLVO理論は基本的理論でありその拡がりを見せてくれた。その2例について述べてみたい。

4.3.4.1　ヘテロ凝集

　誕生したDLVO理論は同一物質で同じ大きさの2粒子間の相互作用を論じるものであった。しかし異なる物質間、または同一物質でも大きさの異なる場合の相互作用（分散・凝集）に実用上遭遇する場合がある。たとえば有用鉱物採集のための浮遊選鉱法、水浄化における砂床沪過などである。この場合の相互作用はヘテロ凝集といわれ、その理論はDLVO理論を変形して得られた。

　ヘテロ凝集は最初、1954年デルヤーギンにより取り上げられた。これは1966年米国のホッグ（R. Hogg）らによって詳しく研究され数式化された[19]。その実証は1967年東北大の臼井・山崎・下飯坂により行われた[20]。臼井進之助、山崎太郎は当時東北大選鉱製錬研究所（現多元物質研究所）に所属、下飯坂潤三は同大工学部所属であり、三人は異種鉱物を含む鉱石を粉砕して得られる混合紛体から有用鉱物を分離採取する浮遊選鉱法を研究していた。

　ヘテロ凝集の理論はDLVO理論の変形ではあるが、それと異なる点が現れる。たとえばヘテロ凝集では媒質によりファンデルワールス力が反発力になることがある。また表面（界面）電位が2粒子で同じ符号であっても電気二重層間の相互作用が引力になることがある。これらはヘテロ凝集の興味ある特質である。

4.3.4.2　タクトゾル

　棒状または板状粒子のゾルは美しい虹彩色を示すことがある。これはタクトイドまたはタクトゾルと呼ばれ、1925年フロイントリッヒ研究室のゾッヒャーにより報告された[21]。これは平板状または棒状粒子が可視光の波長程度の距離間隔で平行に配列しているとき見られる光学的現象（反射光の干渉）である。これはポテンシャルエネルギー曲線上に浅い谷（図4-1の点線のMinL）が現れるときに見られる現象であることを蓮と古澤はDLVO理論から計算し、タングステン酸ゾル（粒子は平板状）を用いて実証した[22]。

　蓮　精、古澤邦夫は当時東京教育大学光学研究所に所属していた。同研究所は同大学の筑波移転の際、大部分は筑波大学物質工学系に吸収され、古澤は同大学化学系に移った。蓮らはタクトゾルの原理を利用して人工オパールを製品化した[23]。

4.4 粒子間の非電気的相互作用

疎水コロイド安定性の主力理論はロンドン・ファンデルワールス力と電気二重層間の相互作用から成るDLVO理論であるが、このほかに別の相互作用が存在することがわかった。それは次の二つの非電気的作用で、いずれも高分子が関係している。

4.4.1 吸着性高分子の作用

コロイド粒子に吸着した高分子がコロイドの安定性に大きく影響する場合について1950年代に大きな知見が得られた。1954年に開かれたDLVO理論の集大成ともいうべきファラデー討論会[24]の序言の中でオーバービークは"吸着層または水和層の反発作用"を取り上げ、これをコロイド安定性の第三の力と指摘した。

時を前に戻す。19世紀の終わり頃からコロイドの分野では、疎液コロイドに対する親液コロイドの作用として、保護作用(親液コロイドの存在で疎液コロイドの凝集を防止する作用)と増感作用(親液コロイドの存在で凝集しやすくなる作用)が経験的に知られていた。しかしその相反する作用の機構については想像の域を出なかった。

1930年代はじめ、高分子化学という新分野が誕生し発展するとともに、親液コロイドは高分子溶液として認識されるようになった。そしてこの分野で、溶液内の高分子の状態が明らかになり、それとともに、固体面または粒子に吸着する高分子の状態も解明されてきた。すなわち、高分子濃度が濃い方では蜜な高分子の吸着層が生成するが、希薄になるとまばらな吸着が起きるようになる。この吸着状態がそれぞれ、粒子が衝突するときの保護作用、増感作用につながることがわかってきた。

この高分子の吸着状態とコロイド安定化機構の研究は1958年ドイツのフィッシャー(F. W. Fischer)[25]にはじまり、1960年代以降の英国のオットウィル(R. H. Ottewill)ら[26]、オランダのヘセリンク(E. W. Hesselink)ら[27]、オーストラリアのナパー(D. H. Napper)[28]などの研究者に負うところが多い。またこのテーマについて佐藤達雄らの著作[29]がある。

4.4.2　非吸着性高分子の作用 ― 枯渇作用

これは前項と異なり、非吸着性の高分子が溶液中で作用する効果で凝集作用をする。これは、枯渇効果または枯渇作用といわれるが、"枯渇"という語がその機構を表している。1954年名古屋大学に在職していた朝倉昌と大沢文夫によりその原理が発見され[30]、1980年代になり、オランダの化学者らにより発展し、実証された。

その原理を簡単に述べる。非吸着性高分子が溶解しているコロイド分散液中では、コロイド粒子は溶解している高分子から浸透圧で圧されていて、コロイド粒子間隔は高分子濃度に依存する。高分子濃度が高くなると粒子間隔は狭められる。もしこの間隔が高分子の直径(回転半径の2倍)より小さくなると、高分子は粒子間隙に存在できなくなる。すなわちこの部分では高分子は枯渇する。そのため浸透圧の差で粒子は圧されて凝集することになる。これを枯渇凝集という。

この枯渇凝集を起こす効果は高分子濃度のみならず、高分子の大きさ(回転半径で表す)が大きいほど、また粒子濃度が高いほど顕著になることが期待される。オランダの化学者らの初期の実証例の一つ[31]を挙げる。枯渇効果の理論の強化、その実証は1980年以降も続けられている。

4.5　粒子間力(表面力)の直接測定

これまでDLVO理論および非電気的作用でいくつかの粒子間力を取り上げてきた。これらの力は実体として粒子表面の分子、原子がかかわっているので表面間に働く力とみることができる。それ故粒子間力は表面力(表面間力ともいわれた)といわれる。これらの力を直接に測定しようとの試みは1930年代から行われていた、これが1970年代には成果を挙げるに至ったので、本書の最終に適切なテーマとして触れておきたい。

デルヤーギンは1930年代以降、電解質中の二つの気泡に挟まれた液体膜間に働く力を測定してこれを分離圧と呼んだ。この研究は表面力測定の原点ともいえる。分離圧の測定は彼と共同研究者によりその後も続けられた。1950年代に入り、オーバービークらは平滑面として溶融シリカを選び、粒子間ファンデルワールス力の測定を試みた。このデルヤーギンらとオーバービークらの研

究は1954年のファラデー討論会の報告文[24]のトップを飾っている。

その後英国のテーバー(D. Tabor)らにより、分子的に見て平滑な劈開雲母表面間の表面力の測定が行われた。そして1972年前後、その力の測定値は1956年のリフシッツ(Lifschitz)の理論式(ファンデルワールス力のハマーカーの式を修正、精密化したもの)と一致することが確かめられた[32]。

さらにテーバーの協同研究者であったイスラエルアチヴィリ(J. N. Israelachivili)とアダムス(G. E. Adams)により精密、精巧で小型の表面力測定装置が開発され、これを用いてファンデルワールス力以外の電気二重層間の力、吸着層間の力なども直接測定され、理論との一致が確かめられた。こうして表面力の存在が現実のものとなった。なおこれら表面力の理論、測定についてはイスラエルアチヴィリの著書(訳書あり)[33]に詳述されている。

4.6　本章の終わりに

本章は1930年頃より1960年代を対象とした(1920年前後の一部事項を含む)。そしてコロイド化学史の本論はこの章をもって終りとする。この時期のはじめ頃、第1次世界大戦の後遺症ともいえるドイツにおけるナチスの台頭はコロイド化学者も含むユダヤ系科学者の圧迫、さらには追放という事件を起こし、学界に大きな影響を与えた。続いて勃発した第2次世界大戦はロシアを含む欧州全体のコロイド化学の進歩を阻害することになった事情は既述した(4.3.2, 4.3.3参照)。

本章ではこの時期のコロイド化学の発展の情勢の記述を、主として疎水コロイド安定性の理論化にしぼった。当然のことながら、この時期のコロイド研究の進歩はこのテーマ以外にも存在していた。しかし19世紀末のシュルツェ・ハーディの法則の成立以来、その理論化は解決を迫られている重要なテーマであった。研究者たちの苦闘の末このテーマはDLVO理論として結実した。本理論の誕生は現代コロイド科学の発展過程における大きな里標の一つということができる。

また、1930年代のはじめ頃コロイド化学から離れて新生し発展した高分子化学が1960～1980年頃、コロイド化学の古いが興味ある現象(保護作用と増感

作用)を解明してくれた。また枯渇作用という新しい場を提供してくれた。これは学問分野の分離そして協同の注目すべき例となった。

　本章では、コロイド研究に物理学的観点や手法がかなり取り入れられるようになってきた。また本書では述べなかったが、コロイドと生物学とのつながりも強く広くなってきた。このような状況下で1940年代からコロイド科学(colloid science)という表現や考えが使われるようになってきた。たとえば、1946年米国で *J. of Colloid Science*(後に *J. of Colloid and Interface Science* と改名)という学術誌が発刊された。また前述(4.3.2.2参照)したがオランダのクロイトの編集により *Colloid Science* という2巻にわたる大著が刊行された(1949-52年)。こうしてコロイド科学という名称が第2次大戦後徐々に生存権を拡げつつある。

　なお、本章の記述は次の論文に負うところが大きい：北原文雄,「疎水コロイド安定性の化学史」,『化学史研究』, 42(2015):191-205。

終章 本稿の終了にあたって

　筆者は序章の"0.4　コロイドと環境"の項で本書の意図するところを述べた。すなわち、化学史では化学研究の社会的背景、社会との相互作用を考えること、研究者の人間性（人柄）を考慮に入れること、研究や業績間の関連性をよく調べることなどを意図しつつ綴っていかねばならないと述べた。この意図がどれだけ果たされたか？筆者の力不足のため満足な結果とはいえない。

　さらにコロイド化学史として取り上げた内容についてみると本書には大きな欠陥があることを認めざるを得ない。本書では親水コロイドに属するミセルコロイドの化学史は語っているが、本来の親水コロイドの化学史はほとんど記されていない。これはあえてはじめから意図していたことであるが、改めて読者には御許しを請わねばならない。

　話題を転じる。近時、高分子（溶液のみならず固体、結晶も含む）、分散コロイド、ミセルを作る両親媒性物質、それに液晶を総合した物質群をソフトマターまたはソフトマテリアルと捉えて、科学を総括的に調べていこうという考え方があり、そうした表題のテキスト（イアン W. ハムレー著，好村滋行 他 4 名共訳，『ソフトマター入門－高分子・コロイド・両親媒性分子・液晶－』，シュプリンガーフェアラーク東京（2002））も刊行されている。ソフトマターとは液晶を除くと正にコロイドの現代版に他ならないようにみえる。この捉え方が将来有効なビジョンになるか注目したい。

最後に、筆者は親水コロイドも含んだコロイド化学史、または別の史観に基づくコロイド化学史の出現を願ってやまない。本書はコロイド化学史研究の試論である。

> 注　日本におけるコロイドの研究としてはセルミに遅れること約60年後1908年最初の論文が発表された。しかしそれ以前に欧州での日本人留学生の研究活動があり、先進国の研究情報の収集が行われていた。日本におけるコロイド化学史に相当する文献としては下記があることを申し添えたい。
> 立花太郎，北原文雄，妹尾 学，「日本におけるコロイド・界面化学の歴史的変遷」，『化学史研究』，29(2002):237-246, 30(2003):26-35, 30(2003):84-92.

文献と注

第1章
1) Wil. Ostwald, *Kolloid –Z.*, 4(1909):5-14.
2) ソブレロはイタリアの有機化学者。リービッヒの下で学位を得た。1845年トリノ大学の教授となる。ニトログリセリン発見で有名、彼はこの物質の危険性を説き続けた。アルフレッド・ノーベルは彼とトリノ大学で同僚であり、ノーベルはソブレロを尊敬していた。
3) J. Guareschi, *Kolloid–Z.*, 8(1911):113-123.
4) E. Hatscheck (ed.), *The Foundation of Colloid Chemistry: A Selection of early Papers bearing on the Subject*, Erneat Benn Ltd., London(1925).
5) J. Stingle, T. Morawski, *J. prakt. Chem.*, 20(1879):76-105.
6) T. Svedberg, *Die Methoden zur Herstellung kolloider Lösungen der Anoganischer Stoffe*, Anastatischer Neudruck(1909).
7a) J.M.トーマス 著, 千原秀昭, 黒田玲子 訳, 『マイケルファラデー - 天才科学者の軌跡』, 東京化学同人(1994).
7b) 井上勝也 著, 『新ファラデー伝』, 啓成社(1995).
7c) 小山慶太 著, 『ファラデーの生きたイギリス』, 日本評論社(1993).
8) M. Faraday, *Phil. Trans. Roy. Soc. London*, 147(1857):145-181.

第2章
1) T. Graham, *Phil. Trans. Roy. Soc. London*, 140(1850):1-46, 805-836.
2) T. Graham, *Phil. Trans. Roy. Soc. London*, 151(1861):183-224.
3) T. Graham, *J. Chem. Soc.*, (1864):618-626.
4) 立花太郎, 『化学史研究』, 22(1995):1-14.

5) H. Freundlich, *Kapillarchemie I, 4te ed.*, (1930):2-3.
6) Y. Furukawa, *Inventing Polymer Science*, University of Pennsylvania Press, Philadelphia (1998), Chapter 2.
7) ウィリアムソンは日本と縁が深い。幕末長州から英国に留学した"長州五傑"(伊藤博文、井上馨、山尾庸三ら)は彼の居宅に寄宿して、UCLで学んだ。まず分析化学を聴講した。」(松野浩二著『その後の長州五傑』より)。明治になって英国に留学した桜井錠二は彼に師事した。また彼は東京大学の前身東京開成学校に化学科が創設された1874年請われて彼の高弟アトキンソン(R.W. Atkinson)を教師として派遣した。アトキンソンは教授として7年間在職し、化学科の教育、研究に大きく貢献した。ウィリアムソンは日本に近代化学を導入した影の功労者の一人である。なお、UCLにおける教師チャールズ・グレアムとウィリアムソンとサムライ化学留学生(長州五傑)とのつながりを記した化学史家菊池好行の次の論文がある:Y. Kikuchi, *Ambix*, 56(2009):115-137.
8) A.W. Williamson, *Nature*, Nov.4(1869). この号はnature誌の創刊号である。
9) I. Guareschi, *Kolloid-Z.*, 8(1911):119.
10) 第1章文献5に同じ。
11) http://www.uni-kiel.de/anorg/lagaly/group/klausSchiver/schulze.pdf
12) H. Schulze, *J. prakt. Chem.*, 25(1882):431-452.
13) H. Schulze, *J. prakt. Chem.*, 27(1883):320-332.
14) H. Schulze, *J. prakt. Chem.*, 32(1885):390-407.
15) Neue Deutsche Biographie.
16) W. Muthmann, *Berichte*, 20(1887):983-990. この論文は第1章文献4の109-117頁に転載されている。
17) M. Carey Lea, *Am. J. Sci.*, 37(1889):476. この論文も第1章文献4の151-170頁に転載されている。
18) 第1章の文献4の最後170頁に編者は次のコメントをしている:「これは顕微鏡観察であろうと推定される。カレイリーはファラデーの方法を使わなかったようである。この方法を使えばチンダル光を認めたであろうに」
19) C. Barus, E.A. Schneider, *Z. Phys. Chem.*, 8(1891):278-298.
20) H. PictonとS.E. Linderの論文は*J. Chem. Soc.*のVol. 61(1892)に次のように集中的に発表された:114-136, 137-147, 148-153, 154-155. この中の2番目のみPicton単独論文である。
21) C. Tanford, J. Raynolds, *Ambix*, 46(1999):33-51の中の注と文献25.
22) R. Zsigmondy, *Liebigs Ann. Chem.*, 301(1898):29-54.
23) K. Stoekl, L.Vanino, *Z. Phys. Chem.*, 30(1899):98-112.
24) R. Zsigmondy, *Z. Phys. Chem.*, 33(1900):63-73.
25) H. Siedentopf, R. Zsigmondy, *Ann. Phys.*, 10(1903):1-39.
26) R. Zsigmondy, translated by J. Alexander, *Colloids and Ultramicroscope*(1914),

John Wiley & Sons, New York.
27) 文献26の134-35頁．
28) R. Zsigmondy, *Kolloid-Z.*, 26(1920):1-10.
29) G. Wiedemann, *Pogg. Ann. Phys.*, 87(1852):321-352.
30) G. Quincke, *Pogg. Ann. Phys.*, 107(1859):1-47.
31) G. Quincke, *Pogg. Ann. Phys.*, 113(1861):513-598.
32) この研究所の初期の重要なテーマは熱放射であった（小山慶太，『科学史年表・増補版』，中公新書（2011），156頁）。この研究所からヘルムホルツの否定する不連続性物理学の端緒となるプランクの量子説が生まれたのは歴史の皮肉とも言える。
33) H.L. Helmholtz, *Wied. Ann. Phys., Neue Folge*, 7(1879):22-67.
34a) W.B. Hardy, *Proc. Roy. Soc.*, 66(1900):110-125.
34b) W.B. Hardy, *J. Phys. Chem.*, 4(1900):235-253.
35) G. Bredig, K. Ikeda, *Z. Phys. Chem.*, 37(1900):1-68.
36) 第1章の文献6に同じ。
37) F. Hofmeister, *Experiment. Pathol. Pharmakol*, 24(1888):247.
38) W.B. Hardy, *Nature*, 88(1911-12):239.
39) Wil. Ostwald, *Lehrbuch der Allgemeiner Chemie*, 1te Bd.(1889):527, 2te Bd.(1890):702.
40) J.C. Maxwell, *Scientific Papers*, 2(1890):552．これはコロイド・界面化学のテキストによく引用されている。
41) J.W. Gibbs, *Gibbs' Scientific Papers I.*, 55-354(paperbacks).
42) S.D. Forester, C.H. Giles, *Chemistry and Industry*, (1991):831．清宮敏子 訳,『表面』, 12(1974):616-625．
43) J.M. van Bemmeln, *J. prakt. Chem.*, 23(1881):324, 379.
44) Wo. Ostwald (ed.), *Die Absorption*, (1910), Dresden, Verlag on Theodor Steinkopf.
45) A. Venkateswaran, *Chem. Rev.*, 70(1970):619.

第3章

1) ノーベル賞はスウェーデンのアルフレッド・ノーベルの遺言により彼の遺産を当てて作られた賞である。彼はイタリアのソブレロと同じ研究室で過ごし、両者は尊敬しあう間柄であった（第1章文献2参照）。
2) この雑誌の編集体制はオストヴァルトの死（1943年）まで続いた。この後休刊が第2次大戦後しばらく続いたが1948年復刊、1962年改名して *Kolloid Zeitschrift und Zeitschrift für Polymere* となり、1974年より *Colloid and Polymer Science* と改名している。
3) A. Ede, *The Rise and Decline of Colloid Science in North America, 1900-1935*, (2007), Ashgate Pub., Chapter 8.
4) 梶雅範,「ピョートル・ペトローヴィチ・フォン・ヴェイマルン（ワイマルン）」,『和

光純薬特報』，83(2015):32-35．この論文は梶が本誌に寄稿したワイマルンの伝記である。企業から出版されているものであるが、この文は梶が調査して書いたもので、A4版、3段組み、小活字のため質量とも充実している。この中ではワイマルンと父の不和のことは全く書かれていない。本文の不和の件は本文中にある重名の文によっている。なお梶は著名な化学史家であるが2016年7月、東京工業大学教授在職中、膵臓がんにより60歳で死去した。

5) 北原文雄，『化学史研究』，41(2014):121-130．
6) 本項の記述は主として次の文献に負うている：E.K. Rideal, *Obituary Notices of Fellow of the Royal Society*, 8(1953):529-547.（彼のObituaryが*J. Colloid Science*, 8(1953):375-376にある）。
7) オストヴァルトのコロイド化学への転身について考えられることを、タンパク質化学の研究者で後に科学史家に転じたタンフォードは次のように語る「師レオブはあるとき講義で、"コロイド化学は生物学の基礎の一つである"といった。レオブは後にコロイド化学の批判者に転じるのであるが、オストヴァルトはこの言に心打たれ、レオブの後の批判は無視してコロイド化学に傾倒するようになった（C. Tanford, J. Reynolds, *Ambix*, 46(1999):40より）。
8) Wo. Ostwald, *Kolloid-Z.*, 1(1907):291-300, 331-341.
9) 本書は1914年発刊の予定であったが、戦争のため1915年になった。なお1921年までに6版を重ねている。
10) 北原文雄，『表面』，39(2001):6参照．
11) 武井にはオストヴァルトについての次の追憶記がある。武井宗男，『科学圏』，第3巻12号(1948)59-63頁．
12) 文献9で述べた著書では第1章の章末に、その訳書では巻頭に掲載。
13) オストヴァルトは論文中（Aの293頁）でコロイドについての次の分類法を挙げている：「ハーディは可逆ゾルと不可逆ゾルとに分類し(1900年)、ペランは親水ゾルと疎水ゾルに分類した(1905年)」。
14) 特に文献5の3.1。
15) P.P. von Weimarn, *Kolloid-Z.*, 2(1907):76-83.
16) 第1章文献6のこと。
17) P.P. von Weimarn, *Chem. Rev.*, 2(1926):217-235.
18) P.P. von Weimarn, in J. Alexander (ed.), *Colloid Chemistry*, 1(1926), Chapter 2.
19) P.P. von Weimarn, *Kolloid-Z.*, 6(1909):277. これは文献紹介欄での彼の記事である。
20) T. Svedberg, *Z. Elektrochem.*, 12(1906):853-858, 909-910.
21) M. Kerker, *Isis*, 67(1976):190-216.
22) M. Kerker. *Isis*, 77(1986):278-282. これには次の文が付けられている。"An Excerpt from Svedberg's Autobiographical Notes, translated by Per Stenius."
23) T. Svedberg, *Colloid Chemistry, 2nd ed.*, (1928):111, 116.
24) J.C. Tolman, *J. Am. Chem. Soc.*, 33(1911):121-127.

25) C. Tanford, J. Reynolds, *Ambix*, **46**(1999):24.
26) T. Svedberg, *Kolloid-Z.*, **51**(1930):10-24.
27) T. Svedberg, A. Tiselius, *J. Am. Chem. Soc.*, **48**(1926):2276.
28) T. Svedberg, *Chem. Rev.* **20**(1938):98-104.
29) T. Sverberg, K.D. Pederson, *Ultracengtifuge*, (1940):413.
30) F.G. Donnan, *Z. Phys. Chem.*, **47**(1903):197-212.
31) F.G. Donnan, *Z. Elektrochem.*, **17**(1911):572.
32) J.T. Davies, E.K. Rideal, *Interfacial Phenomena* (1961), Academic Press, New York and London.
33) 文献32の364-365頁．
34) T. Cosgrove (ed.), *Colloid Science-Principles, Methods and Applcations, 2nd ed.* (2010)．大島広行 訳，『コロイド科学 - 基礎と応用』，東京化学同人（2014）．
35) 本項の叙述は次の論文：北原文雄，『化学史研究』，**36**(2009):121-147によるところが大きい．
36) F. Krafft, A. Strutz, *Berichte*, **29**(1896):1328-1331.
37) Faraday Discussionは英国化学界の物理化学部門であるファラデー協会が主催する不定期の国際的討論会である。その時期の物理化学関係の主要テーマについて、国際的な科学者が一堂に集まって発表し、それについて討論する。発表論文と討論内容は後日協会から学術誌として発行される。この討論会は国際的に有名な会合で、本書中に後にも現れる。ファラデーシンポジウムともいう。
38) J.W. McBain, *Trans. Faraday Soc.* **9**(1913):99-101.
39) A. Reichler, *Kolloid-Z.*, **12**(1913):277-283.
40) J.W. McBain, *Colloid Science* (1950):258, D.C. Herth & Co.
41) J.W. McBain, C.S. Salmon, *J. Am. Chem. Soc.*, **42**(1920):426-460.
42) D.G. Davies, C.R. Bury, *J. Chem. Soc.*, (1929):2263-2267.
43) P. Ekwall, *Z. Phys. Chem.*, **A161**(1932):195-210.
44) A. Lottermoser, F. Püschel, *Kolloid-Z.*, **53**(1933):175-192.
45) A. Lottermoser, F. Stoll, *Kolloid-Z.*, **53**(1933):49-61.
46) G.S. Hartley, *Aqeuous Solutions of Parafin-Chain Salts-A Study of Micelle Formation* (1936), Hermann & Cie, editeurs, Paris.
47) J. Malsh, G.S. Hartley, *Z. Phys. Chem.*, **A170**(1934):321-336.
48) 第2章文献6、特にChapter 2.
49) H. Staudinger, *Kolloid-Z.*, **53**(1930):24-25.

第4章

1) 松野吉松，『東京化学会誌』，**39**(1918):908-932.
2) 本章の文献18の10頁。
3) R. Ellis, *Z. Phys. Chem.*, **80**(1912):597-616.

4) M. Gouy, *Comptes rendus*, 149(1909):654-57; *J. de physique*, 9(1910):457-468. 渡辺昌 訳, 『表面』, 11(1973):380-01, 443-47.
5) D.L. Chapman, *Philosophical Magazine*, 25(1913):475-481. 渡辺昌他 訳, 『表面』, 10(1972):61-63.
6) P. Debye, E. Hückel, *Physik. Z.*, 24(1923):185-206.
7) O. Stern, *Z. Elektrochemie*, 30(1924):508-526. 渡辺昌他訳,『表面』, 9(1971):668-676.
8) F. London, *Z. Physik*, 63(1930):245-279.
9) H, Kallmann, M.Wilstätter, *Naturwissenschaften*, 51(1932):952-53.
10) 本章の文献18のIntroductionの中にこの研究者らの名が挙げられていて、この文献の著者らはこう記している：「これらの研究には互いに重要な矛盾があり、これは幻の1939年のシンポジウム（4.3.2.1の最後の2節参照）で解決をみていたかもしれない。」
11) B.V. Derjaguin, *Trans. Faraday Soc.*, 36(1940):203-215. 730-32.
12) Faraday Symposiumは第3章の文献37のFaraday Discussionと同じ。
13) *Trans. Faraday Soc.* 36(1940) 1-322, 711-732.
14) H.C.Hamaker, *Physica* 4(1937):1058-1072.
15) E.J.W. Verwey, *Trans, Faraday Soc.*, 36(1940):192-203.
16) B.V. Derjaguin, L. Landau, *Acta Physicochim. U.R.S.S.*, 14(1941):633. 原著（ロシア語）の英語版である。渡辺昌 訳, 『表面』, 12(1974):241-251.
17) なぜランダウはこのたった一つの論文16だけでDLVO理論の仲間入りをしているのか？それは次のデルヤーギンの回顧録が語っている：「1940年の論文11ではシュルツェ・ハーディの法則の定量的説明は不十分であった。この話をランダウは自分のコロキウムでデルヤーギンから聞き、界面電位の非常に高い場合について電気二重層の相互作用を計算したらどうかと助言した。こうして二人の共同研究がはじまり、できた論文16でその不十分さは完全に補われた。」ランダウは優れた理論物理学者で、液体ヘリウムの理論的研究で、1962年のノーベル物理学賞を受賞後、自動車事故で重傷を負い、それが基で死去した（大島広行からの私信より）。
18) E.J.W. Verwey, J.Th.G. Overbeek, *Theory of the Stability of Lyophobic Colloids - The Interaction of Sol Particles having an Electric Double Layer* (1948), Elsevier Pub.
19) R. Hogg, T.W. Healy, D.W. Feurstenau, *Trans. Faraday Soc.*, 62(1966):1638-1651.
20) S. Usui, T. Yamazaki, J. Shimoiizaka, *J. phys. Chem.*, 71(1967):3195-3202.
21) H. Zocher, *Z. Anorg. Allg. Chem.*, 147(1925)91-110.
22) 古澤邦夫, 蓮精, 『日化誌』, 87(1966):695-700.
23) 蓮精, 人工オパール結晶の話, 『日本結晶学会誌』, 23(1981):217-226.
24) Faraday Society (ed.), *General Discussion on Coagulation and Flocculation-No 18 of General Discussions of Faraday Society* (1954).
25) E.W. Fischer, *Kolloid-Z.*, 160(1958):120.

26) R.H. Ottewill, T. Walker, *Kolloid-Z. und Z. Polymere*, 227(1968):108.
27) E.W. Hesselink, A. Vrij, J,Th.G. Overbeek, *J. phys, Chem.*, 75(1971):2094.
28) D.H. Napper, *Polymeric Stabilization of Colloidal Dispersions* (1983), Academic Press.
29) T. Sato, R. Ruch, *Stabilization of Colloidal Dispersions by Polymer Adsorption* (1980), Marcel Dekker Inc. T. Satoは佐藤達雄。彼は横浜国立大学卒、米国ルイジアナ州立大学で修士(1966)、東京理科大学で理学博士(1973)取得。1974年より米国ダイヤモンド・シャムロック社の金属塗装部にて研究に従事、その後帰国(年月不詳)、日本モンサント社で研究に従事。
30) S. Asakura, F. Oosawa, *J. Chem. Phys.*, 22(1954):1255.
31) H. DeHek, A.Vrij, *J. Colloid and Interface Sci.*, 84(1981):409.
32) 北原文雄，古澤邦夫，『最新コロイド化学』，講談社(1990):128-156を参照。
33) J.N. イスラエルアチヴィリ 著，近藤保，大島広行 訳，『分子間力と表面力』，第2版，朝倉書店(1996).

人名索引

欧字

Furukawa（古川安）································110
J. J. トムソン····································36
Wil オストヴァルト
·················43, 46, 48, 52, 58, 61
Wo オストヴァルト
··········18, 32, 33, 44, 47, 50, 54, 58, 64

あ

アインシュタイン·························63, 65
朝倉昌···104
アダム··70
アダムス·······································105
アトキンソン·································110
アレニウス································40, 46
アンペール······································11

い

イード······································48, 82
池田菊苗······························42, 50, 111
石坂伸吉··41
イスラエルアチヴィリ···················105

伊藤博文······································110
井上馨···110
井上嘉都治······························57, 64
井上勝也·····································109
岩瀬栄一··51

う

ヴァニノ··30
ウィーデマン·························21, 34, 36
ウィリアムソン······························19
ウィルシュテッター·······················93
ウィンクラー·································21
ヴィンセント·································71
ヴェーラー····································24
ヴェルディ······································8
ウォーカー····································78
ウォラストン·································15
ヴォルタ···································5, 11
臼井進之助·································102

え

エヴァレット·································71
エクヴァル····································76

エドサル ……………………………… 68
エマヌエーレ二世 …………………… 8
エリス ………………………………… 88

お

大幸勇吉 ……………………………… 51
大沢文夫 ……………………………… 104
大島広行 ……………………………… 115
オーバービーク ……… 87, 96, 103, 115
小川正孝 ……………………………… 51
オットウィル ………………… 71, 103

か

カーカー ………………………… 62, 64
ガーナー ……………………………… 71
カーレンベルグ ……………………… 73
カヴール ……………………………… 8
梶雅範 ………………………………… 111
桂井富之助 ……………………… 57, 67
金丸競 ………………………………… 56
カニッツァーロ ……………………… 6
カラザース …………………………… 82
カルマン ……………………………… 93
カレイリー …………………………… 25

き

菊池好行 ……………………………… 110
北原文雄 ………………………… 112, 115
ギブス ………………………………… 43
キルヒホッフ ………………………… 34
キンケ …………………………… 34, 36

く

グアレシ ………………………… 9, 20
グイ ……………………………… 37, 88
クラウジウス ………………………… 73
クラフト ……………………………… 73
クリナコフ …………………………… 60

グレアム …… 1, 5, 15, 19, 22, 33, 58, 86
クロイト ……………………………… 95
グロート ……………………………… 24
クント ………………………………… 28

け

ケーソム ……………………………… 92
ゲー・リュサック …………………… 5
ケクレ ………………………………… 73

こ

コールラウシュ ……………………… 26
コーン ………………………………… 68
コスグローヴ ………………………… 71
小山慶太 ……………………………… 109
近藤保 ………………………………… 115

さ

ザイフリツ …………………………… 72
サグデン ……………………………… 70
桜井錠二 ……………………………… 110
桜田一郎 ……………………………… 56
佐藤達雄 ………………………… 103, 115

し

ジーデントップ ………………… 28, 31
シーメンス …………………………… 35
シェーレ ……………………………… 5
シェドロフスキー …………………… 79
ジグモンディ ………………… 6, 13, 28
下飯坂潤三 …………………………… 102
シャレーク …………………………… 72
重名潔 ………………………………… 51
シュタウディンガー …… 17, 61, 80, 82
シュテルン ……………………… 37, 91
シュナイダー ………………………… 26
シュブルール ………………………… 11
シュライナー ………………………… 73

シュルツェ………　10, 21, 23, 27, 38, 39
庄司市太郎………………………　51

す

スヴェドベリ
　　　………　10, 32, 46, 47, 57, 61, 63, 67
スティングル……………　10, 21, 23
ステックル…………………………　30
ステニアス…………………………　76
スミッツ……………………………　74

せ

ゼーマン……………………………　36
セルナー………………………　53, 72
セルミ……………………… 5, 7, 19

そ

ゾッヒャー……………………　72, 102
ソブレロ…………………………8, 9

た

武井宗男………………………　56, 112
立花太郎………………… 17, 27, 109
玉蟲文一……………………………　72
タンフォード……………………112

ち

チゼリウス…………………………　69
チャップマン……………………37, 88
チンダル……………………………　12

つ

ツィンメルマン…………………　24
津田栄………………………………　56

て

デイヴィ……………………… 5, 7, 11
デーヴィス…………………………　75

テーバー…………………………105
デバイ…………………………90, 92
デュクロー…………………………　73
デルヤーギン……………………94, 104

と

ドナン……………………… 47, 48, 70
ドルトン………………………… 5, 15
トレバー……………………………　47

な

ナイ…………………………………　64
ナパー……………………………103
ナポレオン…………………………5

に

ニコルス……………………………　68
西沢勇志智…………………………　56
ニュートン…………………………　16

ね

ネール………………………………　54
ネゲリ………………………………　73

の

ノーベル………………………109, 111

は

ハーディ………………… 38, 40, 42
ハートレー…………………………　79
バートン……………………………　69
ハーバー………………………46, 52
ハイトラー…………………………　92
バイヤー……………………………　52
ハチェック…………………………9
蓮精……………………… 102, 114
ハマカー……………………………　96
バラス………………………………　26

バリ……………………………… 75
バンクロフト…………………… 47

ひ

ピクトン………………………… 27, 69
ビスマルク……………………… 14, 46
ヒュッケル……………………… 90

ふ

ファラデー……………… 5, 10, 19, 29
ファンデルワールス…………… 92
ファント・ホッフ……………… 46, 49
フィッシャー…………………… 55, 103
フェルウェイ…………………… 96
ブラウン………………………… 35, 61
プランク………………………… 86
プリーストリ…………………… 5
フリーバリ……………………… 76
古澤邦夫………………………… 102
ブレディッヒ…………… 41, 42, 54
フロイントリッヒ
 …………………9, 17, 38, 40, 44, 46,
 47, 52, 64, 71, 87
ブンゼン………………………… 24

へ

ベクレル………………………… 36
ヘセリンク……………………… 103
ペラン…………………………… 63, 65
ベルセリウス…………………… 6, 8, 22
ヘルツ…………………………… 35
ヘルムホルツ…………………… 35, 88
ベンメルン……………………… 42, 44

ほ

ボーア…………………………… 86
ホープ…………………………… 15
ホッグ…………………………… 102

ボッシュ………………………… 46

ま

マイケルソン…………………… 34
マクスウェル…………………… 43
マグヌス………………………… 35
マックベイン…………… 47, 53, 71, 73, 74
松野吉松………………… 72, 87, 113
松野浩二………………………… 110

み

ミー……………………………… 13
水島三一郎……………………… 90
宮沢清三郎……………………… 87
ミューラー……………………… 35
ミラー…………………………… 24, 28

む

ムトマン………………………… 24

も

モラウスキ……………………… 10, 21

や

山尾庸三………………………… 110
山口文之助……………………… 56
山崎太郎………………………… 102

ら

ライヒラー……………………… 74
ラヴォアジエ…………………… 5
ラウス…………………………… 5, 7, 33
ラムゼー………………………… 49
ランダウ………………………… 94, 97

り

リディール……………………… 70
リヒター………………………… 5, 6

リンダー……………… 27, 69	
リンデ…………………… 68	
リンドマン……………… 76	

れ

レイリー………………… 13
レオブ…………………… 55
レナード………………… 35
レントゲン……………… 36

ろ

ロッターモザー………… 78
ロバーツ………………… 16
ロベルト・マイヤー…… 35
ロンドン………………… 92

わ

ワイマルン……… 18, 22, 47, 49, 59
渡辺昌………………………114

事項索引

欧字

cmc ……………………………… 76, 77
Colloid and Polymer Science ……… 111
Colloid Chemistry（スヴェドベリ）… 63
Colloid Science ……………………… 95
Die Methoden zur Herstellung Kolloider Lösungen Anorganischer Stoffe …… 46
Die Welt der vernachlässigten Dimensinonen ……………………………… 55
DLVOの理論 ………………… 40, 97, 98
IACIS ………………………………… 4, 86
Interfacial Phenomena ……………… 71
IUPAC ………………………………… 86
Journal of Colloid and Interface Science ……………………………… 4, 83
Journal of Colloid Science …………… 83
Journal of Physical Chemistry ……… 39
Journal of Physical Chemistryの創刊 … 47
Kapillarchemie … 17, 44, 46, 59, 73, 87
Kolloidchemische Beihefte ………… 55
Kolloidwissenschaft ………………… 56
Kolloid Zeitschrift ………………… 9, 46
Kolloid Zeitschrift and Zeitschrift für Polymere ……………………………… 111
Langmuir ……………………………… 4, 83
National Colloid Symposium … 53, 82
Proceedings of Royal Society ……… 39
solutoid ……………………………… 61
Surface Chemistry …………………… 70
Treatise of Chemistry
（化学教本、ベルセリウス）………… 8
UCL ………………………… 16, 49, 53, 70
Zeitschrift für phsikalische Chemie … 46
ε電位 ………………………………… 72
ζ電位 ……………………………… 37, 72

あ

アルコゲル …………………………… 20
アルコゾル …………………………… 20
アルブミン ………………………… 16, 22
暗視野型顕微鏡 ……………………… 31
アンダーソニアン大学 ……………… 15

い

硫黄コロイド ………………………… 10

イオン雲	90, 94
イオン化ミセル	74
イオン雰囲気	90
移動界面の図	68
陰イオン界面活性剤	81

う

ヴォルタ電池	7

え

英国化学会	16
泳動電位	35
エネルギー曲線	99
エネルギー保存の法則	35
塩化銀	9
塩素の液化	11

お

王立研究所	11
オランダ学派	96

か

会合コロイド	80
カイザー・ウィルヘルム研究所	52
界面	59
界面活性剤	74
界面動電位	37
界面動電現象	33
拡散	16
拡散電気二重層	89
カシウス紫金	6, 29
カシウス紫	6

き

疑似溶液	9, 20, 21, 27
凝析価	40, 87
気体拡散の法則	15
ギブスの吸着式	44

逆性石鹸	81
吸着等温式	44
吸着等温線	44
巨大分子論争	69, 82, 86
金コロイド	12
金ゾル	31
銀ゾル	23, 26
金の液	12, 29

く

クリスタロイド	1, 17

け

ゲル	20
限外顕微鏡	28, 31, 32, 61

こ

膠質学	56
合成洗剤	77
構造論	17
高分子の吸着状態と コロイド安定化機構	103
枯渇効果	104
枯渇作用	104
固定電気二重層	88
古典物理学と現代物理学	36
コロイド	1, 16, 17
IUPACの定義	2
グレアムの定義	2
コロイド状態	1
塩の作用(塩効果)	23
分類	2, 59
コロイド科学	106
コロイド・クリスタロイド間の移行	60
コロイド状態	17
コロイドの状態論	59
コロイドの物質論	17, 59
コロイド分散系	80

紺青·····9

さ
サスペンション·····27
三成分系の相図的研究·····77

し
自己会合·····81
硫化アンチモンゾル·····22
シュテルン電位·····91
シュルツェ・ハーディの法則
·····23, 38, 72, 86
蒸気圧降下法·····74
親液コロイド·····42
人工オパール·····102

す
水和珪酸·····22
スウェーデン科学アカデミー·····65
スヴェドベリと分子の実在性·····63
ストラスクライド大学·····15

せ
ゼータ電位·····37, 40
石鹸·····73
ゼラチン·····16
セレンゾル·····23

そ
増感作用·····103
疎液コロイドの安定性の理論
（Theory of the Stability of Lyophobic Colloids）
·····98
ソープレスソープ·····77
疎水コロイド安定性の理論·····98
疎水コロイド安定性の理論の原型·····95
疎水コロイドは熱力学的には不安定·····92
ソフトマター·····107

ソフトマテリアル·····107
ゾル·····20, 23, 27

た
対イオン·····40
対イオンの効果·····40
第1次世界大戦·····45, 52
第2次世界大戦·····45, 56
タクトイド·····72, 102
タクトゾル·····72, 102
多分散·····68
タングステン酸ゾル·····102
タングステンゾル·····22
タンパク質の凝集·····69
タンパク質の電気泳動·····69
単分散·····68

ち
超遠心機·····68
超遠心機によるタンパク質の研究·····68
沈降速度法による移動界面·····68
沈降平衡·····63
チンダル現象·····13
チンダル光·····27, 110

て
デバイ長さ·····100
デバイ・ヒュッケルの強電解質論·····90
デルヤーギン・ランダウ・フェルウェイ・オーバービークの理論·····98
電解質の効果·····38
電気泳動·····34
電気泳動法·····69
電気浸透·····34
電気二重層·····33, 36
電気二重層概念·····35
電気二重層間の相互作用·····96
電気分解のファラデーの法則·····11

電磁誘導の発見……………………… 11

と

ドイツコロイド学会………………… 56
透析……………………… 16, 19, 24, 42
特性吸着……………………………… 72
ドルン効果…………………………… 35

な

ナチスドイツのポーランド侵攻…… 95
ナチスの勃興………………………… 45

に

日本におけるコロイド化学史………108

の

ノーベル賞の制定…………………… 45

は

ハートレーのミセル論……………… 79
白金ゾル……………………………… 22
ハマカーの計算……………………… 96

ひ

非イオン界面活性剤………………… 81
ヒドロゾル…………………………… 39
表面張力……………………………… 43
表面力…………………………………104

ふ

ファラデー協会……………………… 95
ファラデー講演……………………… 36
ファラデーシンポジウム…………… 95
ファラデー・チンダル現象………… 12
ファラデー討論会…………………… 74
ファンデルワールス力……………… 92
不均一分散系………………………… 58
復氷…………………………………… 18

沸点上昇法…………………………… 73
負の界面張力………………………… 70
ブラウン運動の定量的研究………… 32
ブラウン運動の変位………………… 63
ブラウン運動の理論式……………… 62
ブリストル学派……………………… 71
プルシャンブルー…………………… 9
ブレディッヒ法……………………… 42
フロイントリッヒの吸着式…… 44, 87
分散系…………………………… 33, 80
分散力………………………………… 92
分子コロイド………………………… 80
分子の実在性………………………… 61
分子の実在性の実証………………… 65
分子溶液……………………………… 27
分子量測定…………………………… 73
分離圧…………………………… 94, 104

へ

劈開雲母表面間の表面力……………105
ヘテロ凝集……………………………102
ベルリン青…………………………… 9
ベンゼンの発見……………………… 11

ほ

保護作用………………………………103
ホッフマイスター系列……………… 42
ポテンシャルエネルギー曲線……… 99
ポテンシャル曲線…………………… 99
ボローニャ大学……………………… 8

ま

膜平衡の理論………………………… 70
マックベインのミセル論…………… 79

み

見掛け上安定化……………………… 92
ミセル………………………………… 75

ミセル概念	75		リフシッツ(Lifschitz)の理論式	105
ミセルコロイド	80		硫化ヒ素ゾル	22
			流動電位	35

む

無機酵素	42
無機コロイド	22

量子化学	86
両親媒性物質	81
臨界ミセル濃度	75

も

モル導電率	77

れ

レオロジー	71

ゆ

有機コロイド	42
U字管法	69

ろ

ロウソクの科学	12
露点法	74
ロンドン化学会	16
ロンドン・ファンデルワールス力	92

よ

陽イオン界面活性剤	81
溶液の表面張力の測定	78

わ

ワイマルンの核成長の法則	60
ワッケンローダー液	9

り

離液順列	42

●著者プロフィール

北原　文雄（きたはら　あやお）

東京理科大学名誉教授。大正9年長野県伊那市高遠町に生れる。昭和17年9月東京帝国大学理学部化学科卒業。昭和27年東邦大学理学部助教授、教授を経て、昭和38年東京理科大学工学部工業化学科教授。平成7年より名誉教授。専門はコロイド・界面化学とその化学史、理学博士。

コロイド化学史　　　　　　　　ISBN 978-4-86079-085-1

2017年9月1日　初版第1刷
著　者　　北原　文雄
発行者　　中山　昌子
発行元　　サイエンティスト社
　　　　　〒150-0051 東京都渋谷区千駄ヶ谷5-8-10-605
　　　　　Tel. 03(3354)2004　Fax. 03(3354)2017
　　　　　Email: info@scientist-press.com
印刷・製本　シナノ印刷株式会社

© Ayao Kitahara, 2017